职业教育计算机类专业系列教材

JavaScript程序设计案例教程

主 编 杨耿冰 龙九清
副主编 武 宏 冀 萍 付 健 韩永霜
参 编 胡亦宏 冯雪莲 王国艳 丁 浩 王晓茹
杜 莉 丛佰强 严 昊 孙振楠 葛 特

机械工业出版社

本书以飞机大战游戏为案例，将JavaScript编程语言的知识内容划分为9个模块，主要包括制作游戏界面、添加游戏控制、制作单元素动画、制作多元素动画、控制游戏动画、制作多元素场景、添加碰撞功能、制作精灵动画和发布运行游戏。每个模块又划分为学习目标、学习情景、模块分析、实施步骤、测试评价、拓展练习环节。

本书内容详尽、结构清晰、图文并茂、通俗易懂，既突出基础性内容，又重视实践性应用。本书既可以作为各类职业院校计算机及相关专业的教材，也可作为JavaScript初学者、编程爱好者的参考用书。

本书配有电子课件及源文件，选用本书作为授课教材的教师可以从机械工业出版社教育服务网（www.cmpedu.com）免费注册下载或联系编辑（010-88379194，QQ：303431623）咨询。

图书在版编目（CIP）数据

JavaScript程序设计案例教程/杨耿冰，龙九清主编．—北京：机械工业出版社，2020.8

职业教育计算机类专业系列教材

ISBN 978-7-111-66012-5

Ⅰ．①J… Ⅱ．①杨… ②龙… Ⅲ．①JAVA语音—程序设计—职业教育—教材 Ⅳ．①TP312.8

中国版本图书馆CIP数据核字（2020）第118296号

机械工业出版社（北京市百万庄大街22号 邮政编码100037）

策划编辑：李绍坤　　责任编辑：李绍坤

责任校对：潘　蕊　樊钟英　　封面设计：鞠　杨

责任印制：郜　敏

北京圣夫亚美印刷有限公司印刷

2020年8月第1版第1次印刷

184mm×260mm · 11.75印张 · 290千字

0 001—3 000册

标准书号：ISBN 978-7-111-66012-5

定价：39.00元

电话服务	网络服务
客服电话：010-88361066	机　工　官　网：www.cmpbook.com
010-88379833	机　工　官　博：weibo.com/cmp1952
010-68326294	金　　书　　网：www.golden-book.com
封底无防伪标均为盗版	机工教育服务网：www.cmpedu.com

前言

PREFACE

JavaScript在互联网早期就是一门实现交互体验的基本技术。虽然它最初仅是用来实现简单的网页交互功能，但是现在，它在技术和功能方面都得到了很大的提升，已经成为Web开发人员必须掌握的技能，几乎没有人再质疑它在互联网中的重要地位。

JavaScript是Web开发中常用的脚本编程语言，也是一种通用的、跨平台的、基于对象和事件驱动的脚本语言。JavaScript语言在运行时并不需要进行编译，而是直接嵌入到HTML网页中，把静态页面转变成支持用户交互并响应相应事件的动态页面。

本书以飞机大战游戏作为教学案例，相较于其他案例而言，游戏案例运用到的知识内容比较多，而且逻辑也更加复杂，这样既提高了读者的学习兴趣，又可以保证知识点的全面覆盖，从而获得更好的教学效果。

本书将JavaScript编程语言的知识点与飞机大战游戏案例有效地结合在一起，基本覆盖了JavaScript面向过程的全部知识点，包括：变量、运算符、判断、循环、数组、自定义函数、系统函数、事件等。同时，本书还讲解了如何利用JavaScript编程语言制作游戏界面、添加游戏控制、制作元素动画、制作多元素场景、添加碰撞功能、制作精灵动画等功能，使读者在学习JavaScript编程语言的同时，也能够了解到游戏开发中的相关知识。

建议读者在使用本书的过程中，采用边读边实践的方式来进行学习，这样不仅可以学得更有效率，也会学得更有乐趣。

本书由杨耿冰、龙九清担任主编，武宏、冀萍、付健、韩永霜担任副主编，胡亦宏、冯雪莲、王国艳、丁浩、王晓茹、杜莉、丛佰强、严昊、孙振楠、葛特参加编写。

由于编者水平有限，书中不足与疏漏之处在所难免，欢迎广大读者批评指正。

编　者

CONTENTS

案例概述

一、应用程序概述

应用程序（Application Program）是计算机软件的主要分类之一，是针对用户的某种特殊应用目的所撰写的软件。

应用程序在分类上比较多，分为系统应用程序、驱动应用程序、桌面应用程序、网络应用程序、手机应用程序、物联网应用程序等。而在大部分应用程序中，几乎都涵盖了游戏程序，如图0-1所示。

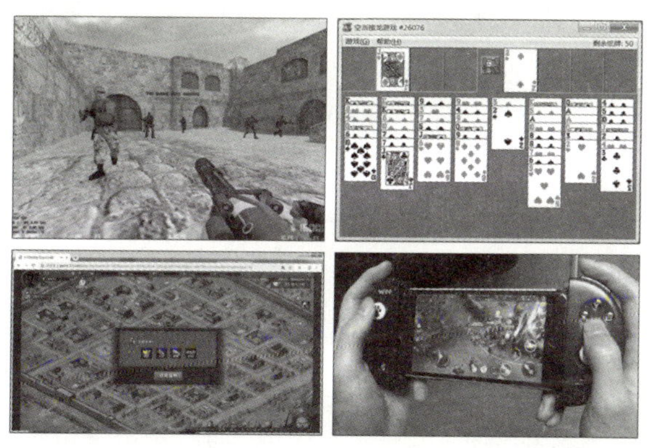

图0-1　游戏程序

游戏程序指利用计算机编程语言（如C、C++、JavaScript等）编制计算机、手机或游戏机上的游戏。

游戏程序主要由应用程序、图片、文字、游戏控制等几部分组成。应用程序是游戏的窗口框架，图片以及文字构成了游戏的显示元素，游戏控制实现整个游戏交互功能，如图0-2所示。

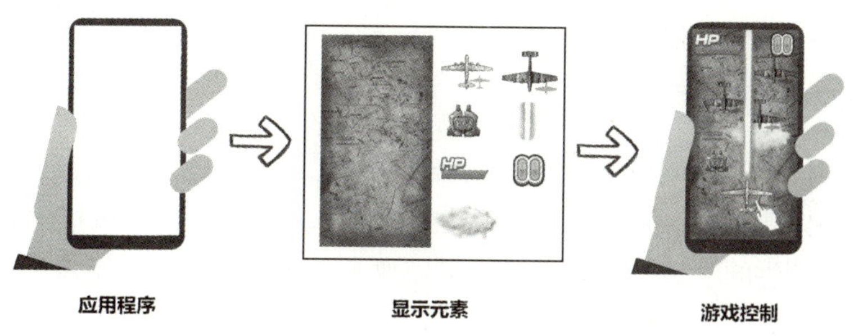

图0-2　游戏程序组成

二、Web前端技术

WWW（World Wide Web，万维网）也可写为3W、Web，是Internet最核心的部分。它是Internet上那些支持WWW服务和HTTP的服务器集合。WWW在使用上分为Web客户端和Web服务器。用户可以使用Web客户端（多用网络浏览器）访问Web服务器上的页面。

Web应用开发需要遵循的标准就是Web Standard（Web标准），它是一系列标准的集合。网页主要由三部分组成：结构标准（XML、HTML、XHTML）、表现标准（CSS）、行为标准（DOM、JavaScript）。

Web前端技术是创建Web页面并通过浏览器呈现给用户的技术。该技术通过HTML 5、CSS 3、JavaScript以及衍生出来的各种技术、框架、解决方案，来实现互联网产品的用户界面交互功能。

HTML 5是互联网的下一代标准，称为超文本标记语言，被认为是互联网的核心技术之一。它包括一系列标签，通过这些标签可以构建以及呈现网页中的各部分显示内容。

CSS 3是最新的CSS标准，称为层叠样式表。通过CSS可以增强HTML文档的显示效果，包括网页中元素的排版、字体、颜色、背景、定位等方面的设计。

JavaScript是一种脚本语言，最早是在HTML网页中使用的，用于为HTML网页增加动态功能。目前，JavaScript被广泛用于Web应用开发，常用于为网页添加各式各样的动态功能，为用户提供更流畅美观的浏览效果。通常JavaScript脚本是通过嵌入在HTML中来实现自身的功能的。

对于Web前端开发人员来说，好工具的使用总会为人们带来事半功倍的效果。所以找到适合自己的开发工具是至关重要的。下面列举了几个常见的Web前端开发工具。

1）NotePad++是一款文本编辑器，软件小巧、高效，且支持多种编程语言，例如，C、C++、Java、C#、XML、HTML、PHP、JavaScript等。

2）Visual Studio Code是针对编写现代Web和云应用的跨平台源代码编辑器。

3）Sublime Text是一个轻量级的编辑器，支持各种编程语言。

4）WebStorm是JetBrains公司旗下的一款JavaScript开发工具，现常用于开发HTML 5。

5）Atom是GitHub专门为程序员推出的一个跨平台文本编辑器。

6）HBuilder是一款国产的前端开发工具。

三、案例介绍

游戏案例相较于其他类型案例而言运用到的知识内容比较多，而且逻辑也更加复杂一些。所以，本书以飞机大战游戏案例为教学内容，将JavaScript编程语言的知识点融入其中，即提高了学生的学习兴趣，又可以保证教学的知识点的全面覆盖，从而获得更好的教学效果。

飞机大战游戏案例无论是在PC端还是移动端都是比较常见的经典射击类游戏。该游戏通过鼠标控制飞机发射子弹击落敌机，这虽然在游戏操纵以及玩法上比较单一，但在程序的编写上并不比其他游戏案例涵盖的知识点少。该案例知识点基本覆盖了JavaScript面向过程的全部知识点，包括：变量、运算符、判断、循环、数组、自定义函数、系统函数、事件等。

本书将完整的飞机大战游戏案例按照知识点与制作流程拆解成了若干个模块，每个模块都会有明确的学习目标。例如，模块3制作单元素动画，对应的学习目标及知识点，如图0-3所示。

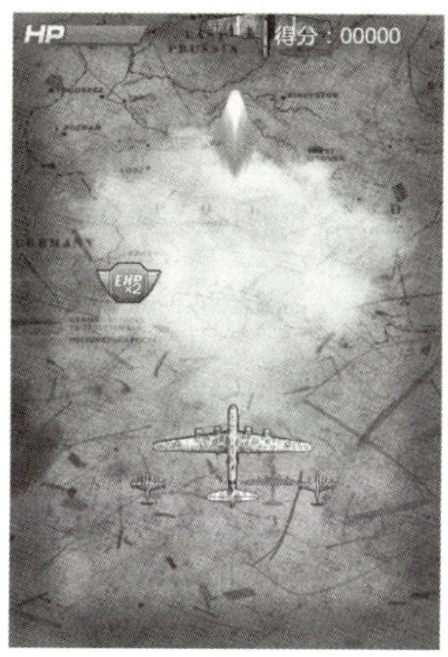

学习目标

知识点列表：

【1】动画原理
【2】帧频函数介绍及使用
【3】判断语句介绍
【4】if条件语句
【5】逻辑运算符
【6】飞机发射子弹原理
【7】豌豆射手发射子弹

模块知识点

图0-3　学习目标及知识点列表

本书在讲解JavaScript知识点的同时，还针对不同的知识点提供了完备的练习题及参考代码，方便巩固当前所学的知识内容。

通过对本书的学习，不仅能够掌握JavaScript面向过程的所有知识点，同时也能够独立运用JavaScript语言编写出更加复杂的案例，这将为以后从事程序编写及程序设计相关工作打下一个良好的基础。另外，本书所涉及的知识内容也能够让读者对1+X Web前端职业技能中最晦涩难懂的JavaScript语言有一个根本的认识。

飞机大战游戏案例是利用PIXI引擎来编写代码完成的。PIXI是一个超快的2D渲染引擎。它会帮助用户用JavaScript或者其他HTML 5技术来显示媒体、创建动画或管理交互式图像，从而制作一个游戏或应用。

在自己的计算机上编写代码来学习，只需要将PIXI引擎文件复制到开发工具的指定文件夹下即可。下面以HBuilder开发工具为例来简要说明。

第一步：创建Web项目，如图0-4所示。

第二步：指定项目名称以及保存位置，并单击“完成”按钮，如图0-5所示。

第三步：将下载的PIXI引擎文件复制到项目中的js文件夹中，如图0-6所示。

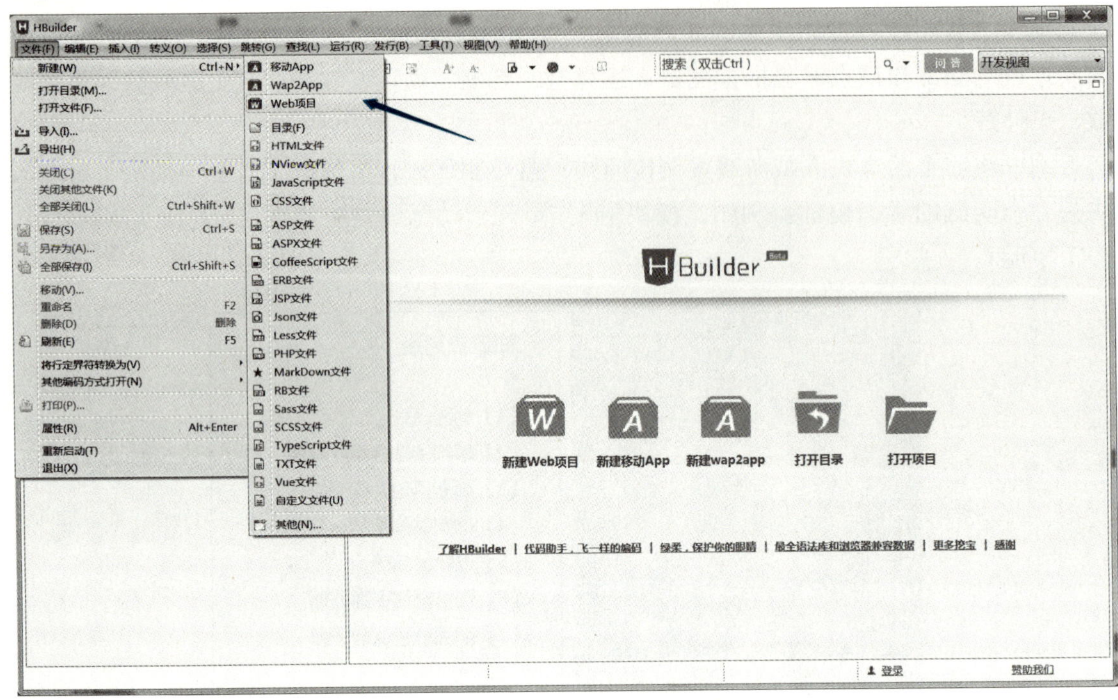

图0-4 创建Web项目

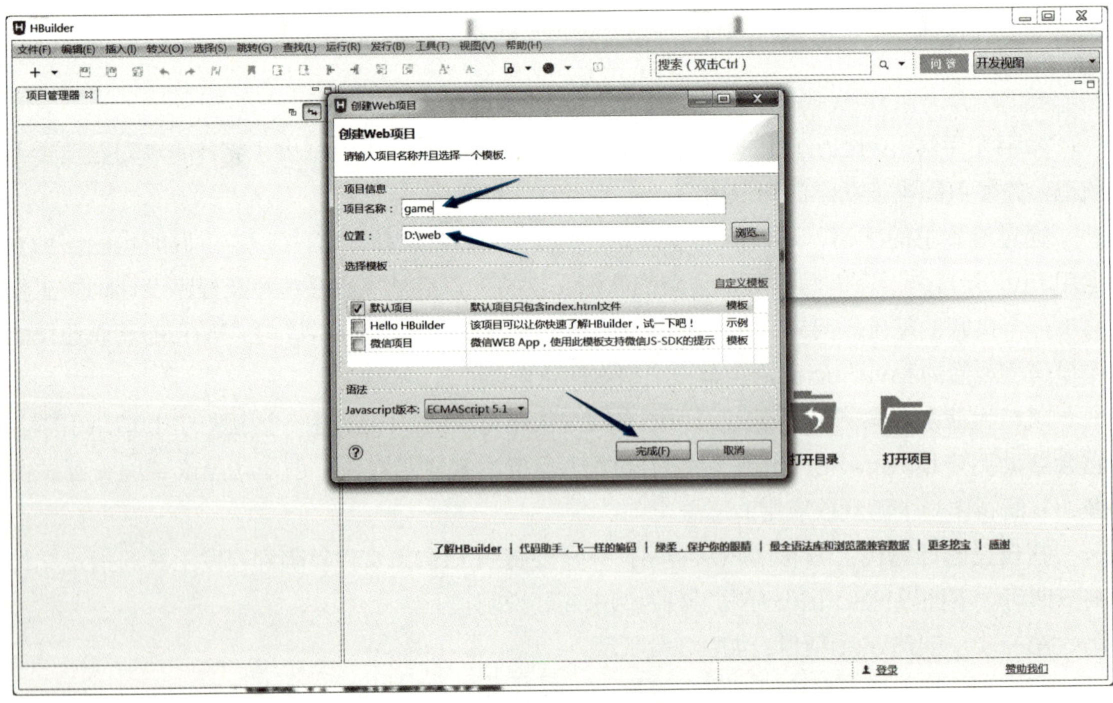

图0-5 指定项目名称及保存位置

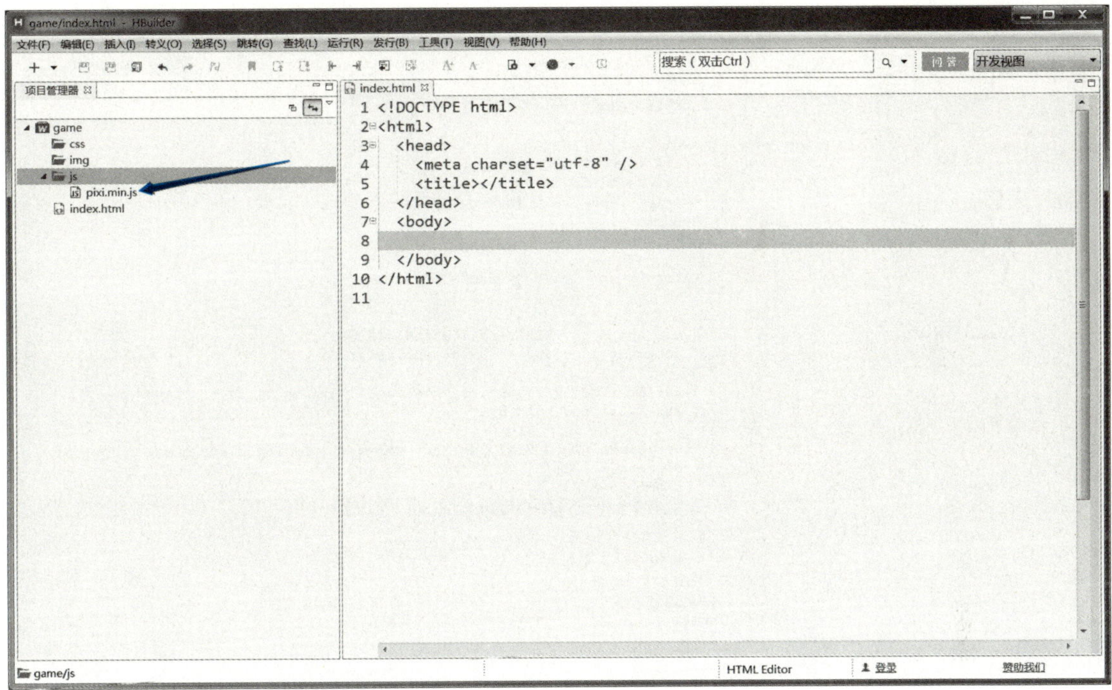

图0-6　添加PIXI引擎文件

第四步：引入PIXI引擎文件并编写案例代码，如图0-7所示。

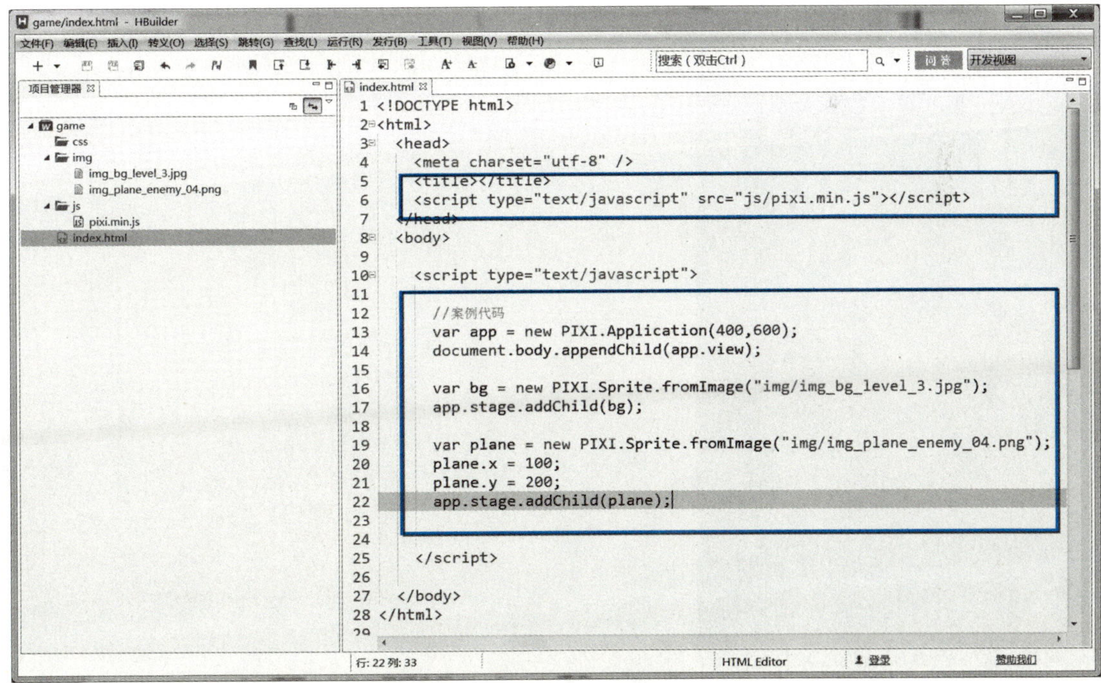

图0-7　引入PIXI引擎文件

第五步：运行案例代码。执行“运行”→“浏览器运行”命令，并通过指定的浏览器来运行案例代码，如图0-8所示。

```
<!DOCTYPE html>
<html>
  <head>
    <meta charset="utf-8" />
    <title></title>
    <script type="text/javascript" src="js/pixi.min.js"></script>
  </head>
  <body>

    <script type="text/javascript">

      //案例代码
      var app = new PIXI.Application(400,600);
      document.body.appendChild(app.view);

      var bg = new PIXI.Sprite.fromImage("img/img_bg_level_3.jpg");
      app.stage.addChild(bg);

      var plane = new PIXI.Sprite.fromImage("img/img_plane_enemy_04.png");
      plane.x = 100;
      plane.y = 200;
      app.stage.addChild(plane);

    </script>

  </body>
</html>
```

图0-8　运行案例代码

运行效果，如图0-9所示。

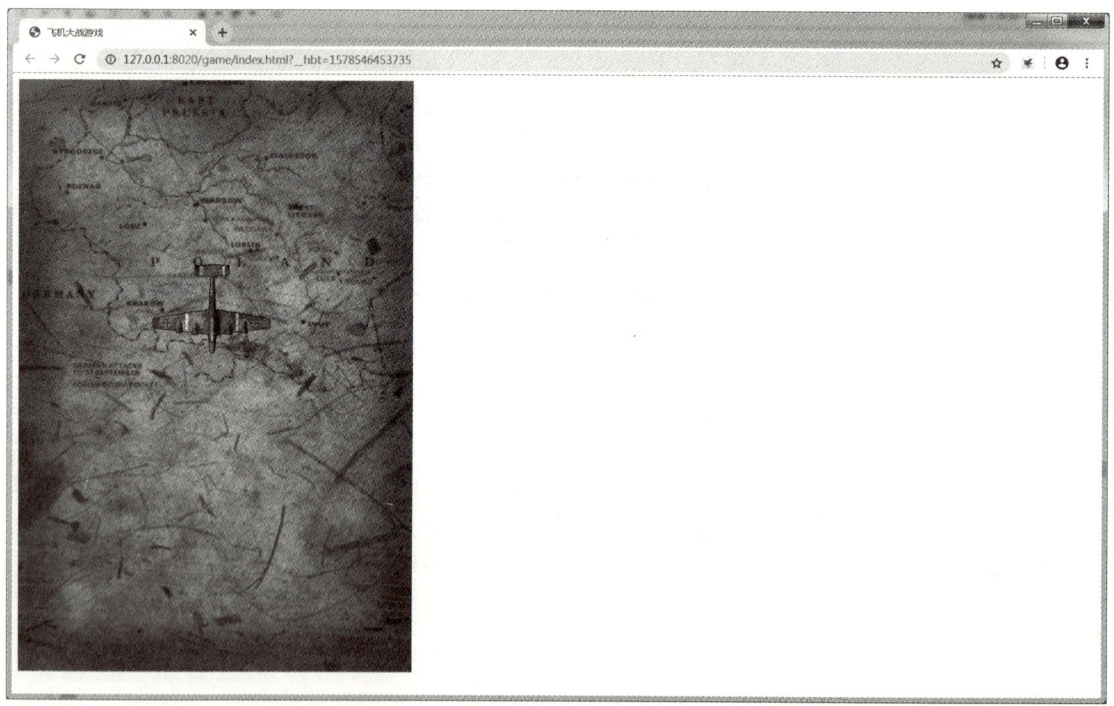

图0-9　运行效果

模块 1
制作游戏界面

学习目标

通过对本模块的学习，需要达到以下目标：

1）独立制作游戏显示界面。包括创建应用程序，向应用程序舞台添加显示元素。

2）学会JavaScript语言中变量的定义及赋值。

3）理解JavaScript语言中顺序程序结构的特点。

学习情景

要完成游戏界面的制作，首先应该创建一个应用程序，并向应用程序舞台添加背景图片、云彩图片、飞机图片、得分文本、血条图片、道具图片等显示元素，设置显示元素属性，实现游戏界面显示效果，如图1-1所示。

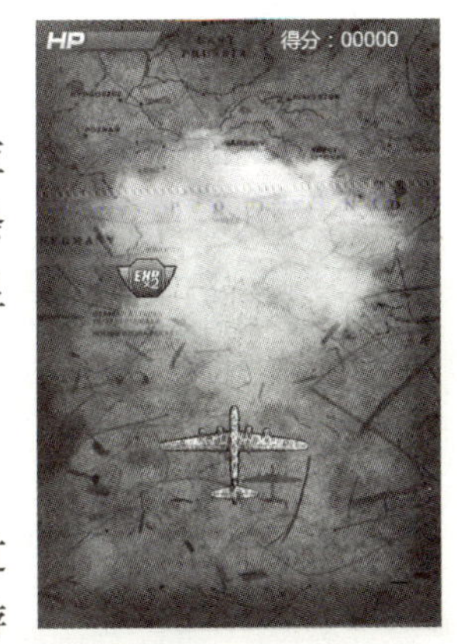

图1-1　游戏界面显示效果

模块分析

应用程序在PIXI引擎中可以理解为游戏显示窗口。本模块通过向应用程序中添加指定的显示元素构成游戏显示界面。在移动端的游戏开发中，通过应用程序可以实现横屏游戏、竖屏游戏。

图片是游戏界面的显示元素之一，应用程序通过添加图片，不仅可以丰富游戏的显示界面，而且可以呈现不同的视觉显示效果。

文本也是游戏界面的显示元素之一，本模块通过向应用程序中添加文本内容，可以实现记录得分、关卡提示信息等功能。

显示元素属性，用于控制显示元素的显示效果。例如，控制显示元素的宽高、位置、缩放、旋转、透明度等。在本模块的界面开发中，利用程序动态设置显示元素属性，可以实现一些特定的动画显示效果。

变量是JavaScript语言中最基本的知识点，程序通过变量可以暂时存储在运行过程中产生的数据。

实施步骤

步骤1：创建应用

创建一个游戏的窗口，代码如下。

```
var app = new PIXI.Application(512, 768);
document.body.appendChild(app.view);
```

代码讲解：

❶ 创建应用：

```
var app = new PIXI.Application(512, 768);
```

用于创建游戏窗口，宽度：512像素，高度：768像素。

var app表示定义了一个应用程序对象，叫做app。

new PIXI.Application(512, 768)表示创建一个应用程序。

❷ 将应用显示到浏览器页面：

```
document.body.appendChild (app.view);
```

将应用程序在浏览器上显示出来。

上述代码的运行效果，如图1-2所示。

图1-2　创建应用

步骤2：创建图片

将背景图片显示到应用程序舞台，代码如下。

```
var app = new PIXI.Application(512, 768);
document.body.appendChild(app.view);

//背景
var bg = new PIXI.Sprite.fromImage("res/plane/bg/img_bg_level_3.jpg");
app.stage.addChild(bg);
```

代码讲解:

❶ 创建一个图片:

var bg = new PIXI. Sprite. fromImage("图片内容来源地址");

用于创建一个图片。

res/plane/bg/img_bg_level_3. jpg为图片内容来源地址。

var bg表示定义了一个图片对象，叫做bg。

new PIXI. Sprite. fromImage("图片内容来源地址")表示创建一个图片对象。

❷ 将图片显示到应用程序舞台:

app. stage. addChild(bg);

将名字为bg的图片显示到舞台上。

app. stage表示应用程序舞台（所有需要显示的元素，必须放到舞台上）。

app. stage. addChild(bg)将名字为bg的图片放到舞台上显示出来。

上述代码的运行效果，如图1-3所示。

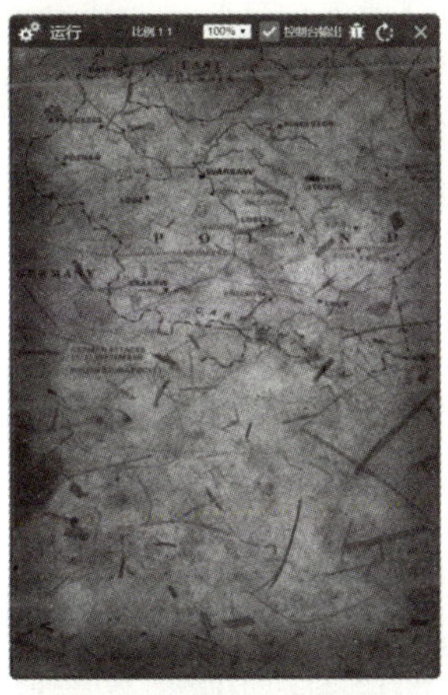

图1–3　添加背景图片

步骤3：创建文本

将得分文本显示到应用程序舞台，代码如下。

```
var app = new PIXI.Application(512, 768);
document.body.appendChild(app.view);

//背景
var bg = new PIXI.Sprite.fromImage("res/plane/bg/img_bg_level_3.jpg");
app.stage.addChild(bg);

//得分
var score = new PIXI.Text("得分: 00000");
score.style.fill = "0xffffff";
app.stage.addChild(score);
score.x = 310;
score.y = 10;
```

代码讲解：

1 创建一个文本：

```
var score = new PIXI.Text("得分：00000");
```

用于创建一个文本，文本内容是“得分：00000”。

var score代表创建了一个名字，叫做score。

new PIXI.Text("得分：00000")代表score是一个文本。

2 设置文本水平位置：

```
score.x = 310;
```

将名字为score的文本的水平位置设置为310像素的位置。

3 设置文本垂直位置：

```
score.y = 10;
```

将名字为score的文本的垂直位置设置为10像素的位置。

4 设置文本字体颜色：

```
score.style.fill = “0xffffff”;
```

将名字为score的文本字体颜色设置为：0xffffff（白色）。

5 将文本信息显示到应用程序舞台：

```
app.stage.addChild(score);
```

将名字为score的文本显示到舞台上。

app.stage代表应用程序舞台(所有需要显示的元素，必须都要放到舞台上)。

app.stage.addChild(score)将名字为score的文本，放到舞台上显示出来。

上述代码的运行效果，如图1-4所示。

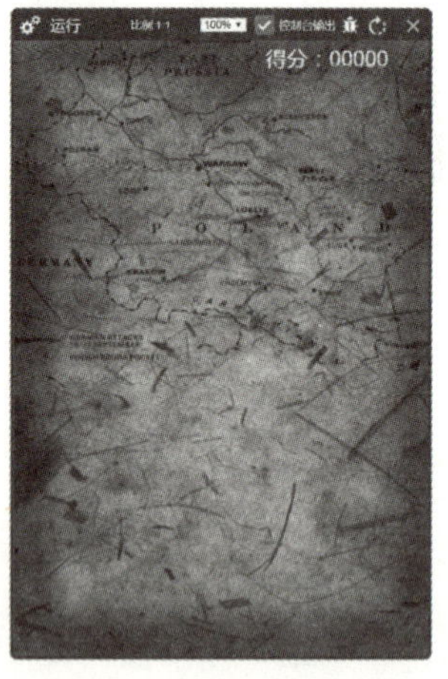

图1-4　添加得分文本

【知识链接】变量

变量是存储信息的容器，通俗地讲，就是通过var定义的名字。

例如，分别创建应用、图片和文本，其中

var app：代表应用程序的名字。

var bg：代表图片的名字。

var score：代表文本的名字。

这些通过var定义的名字称为变量。

示例：

```
var app = new PIXI.Application(512, 768);
document.body.appendChild(app.view);

var bg = new PIXI.Sprite.fromImage("res/plane/bg/img_bg_level_3.jpg");
app.stage.addChild(bg);

var score = new PIXI.Text("得分：00000");
app.stage.addChild(score);
```

注：变量命名规则

1）变量名由字母、数字、下画线“_”、美元符号“$”组成，第一个字符不能是数字。

2）不能把JavaScript关键字和保留字作为变量名。

3）变量名对大小写敏感。

步骤4：设置显示元素属性

显示元素属性用于设置显示元素具体的显示效果，常用属性见表1-1。

表1-1　显示元素常用属性

属性级别	属性名称	作用
公共属性	x	设置元素的x坐标位置
公共属性	y	设置元素的y坐标位置
公共属性	width	设置元素的宽度
公共属性	height	设置元素的高度
公共属性	rotation	设置元素旋转的弧度
公共属性	scale	设置元素的缩放比例
公共属性	visible	设置元素是否可见
公共属性	alpha	设置元素的透明度
文本属性	text	设置文本显示内容
文本属性	style	设置文本显示样式

【知识链接】常用属性介绍

（1）x、y

介绍：

设置元素的x坐标、y坐标，用于控制元素显示的位置。

值：

数字。

使用方法：

```
var plane = new PIXI.Sprite.fromImage("res/plane_blue_01.png");
```

```
plane.x = 100;//设置水平方向位置
plane.y = 200;//设置垂直方向位置
app.stage.addChild(plane);
```

（2）width、height

介绍：

设置元素的宽、高，用于控制元素显示的大小。

值：

数字。

使用方法：

```
var plane = new PIXI.Sprite.fromImage("res/plane_blue_01.png");
plane.width = 100;//设置宽度
plane.height = 80;//设置高度
app.stage.addChild(plane);
```

（3）rotation

介绍：

设置元素旋转的弧度。

值：

数字。

使用方法：

```
var plane = new PIXI.Sprite.fromImage("res/plane_blue_01.png");
plane.rotation = 1;//设置旋转的弧度为1
app.stage.addChild(plane);
```

（4）scale

介绍：

设置元素缩放的比例。

值：

数字

使用方法：

```
var plane = new PIXI.Sprite.fromImage("res/plane_blue_01.png");
plane.scale.x = 2;//水平方向缩放为原来的2倍
plane.scale.y = 2;//垂直方向缩放为原来的2倍
app.stage.addChild(plane);
```

注：如果plane.scale.x或plane.scale.y设置为-1，则可实现图片水平或垂直翻转。

（5）visible

介绍：

设置元素是否可见。

值：

布尔型。

使用方法:

```
var plane = new PIXI.Sprite.fromImage("res/plane_blue_01.png");
plane.visible = true;//设置元素可见
app.stage.addChild(plane);
```

(6) alpha

介绍:

设置元素的透明度。

值:

数字。

使用方法:

```
var plane = new PIXI.Sprite.fromImage("res/plane_blue_01.png");
plane.alpha = 0.5;//设置元素的透明度为0.5
app.stage.addChild(plane);
```

(7) text

介绍:

设置文本显示的内容。

值:

字符串。

使用方法:

```
var score = new PIXI.Text("得分: 10000");
score.text = "飞机大战真好玩! ";//设置显示内容
app.stage.addChild(score);
```

(8) style

介绍:

设置文本的显示样式。

值:

样式。

使用方法:

```
var score = new PIXI.Text("得分: 10000");
score.style.fill ="0xffffff ";//设置字体的颜色
score.style.fontSize = 50;//设置字体的大小
score.style.fontWeight = "bold";//加粗
score.style.fontStyle = "italic";//斜体
score.style.fontFamily = "隶书";//设置字体
app.stage.addChild(score);
```

例如，在本模块中，设置飞机、血条、道具等图片的属性，代码如下。

```
var app = new PIXI.Application(512, 768);
document.body.appendChild(app.view);

//背景
var bg = new PIXI.Sprite.fromImage("res/plane/bg/img_bg_level_3.jpg");
```

```
app.stage.addChild(bg);

//得分
var score = new PIXI.Text("得分: 00000");
score.style.fill = "0xffffff";
app.stage.addChild(score);
score.x = 310;
score.y = 10;

//云彩
var cloud = new PIXI.Sprite.fromImage("res/texiao/yun02.png");
app.stage.addChild(cloud);
cloud.x = 20;
cloud.y = 130;

//飞机
var plane = new PIXI.Sprite.fromImage("res/plane/plane_blue_01.png");
app.stage.addChild(plane);
plane.x = 200;
plane.y = 550;

//血条背景
var hpBg = new PIXI.Sprite.fromImage("res/plane/ui/2_03.png");
app.stage.addChild(hpBg);
hpBg.y = 14;

//血条前景
var hpFg = new PIXI.Sprite.fromImage("res/plane/ui/3_03.png");
app.stage.addChild(hpFg);
hpFg.x = 33;
hpFg.y = 14;

//血条图标
var hpPic = new PIXI.Sprite.fromImage("res/plane/ui/img_ui_16.png");
app.stage.addChild(hpPic);
hpPic.x = 10;
hpPic.y = 12;

//道具
var item = new PIXI.Sprite.fromImage("res/plane/item/img_plane_item_15.png");
app.stage.addChild(item);
item.x = 100;
item.y = 300;
```

上述代码的运行效果，如图1-5所示。

图1-5 设置显示元素属性

【知识链接】图片路径

图片路径的写法，可以分为绝对路径和相对路径。

绝对路径：指带有域名的文件的完整路径。

相对路径：指当前网页所在位置到达目标文件所在位置的路径。

例如，在程序中，以下两种写法实现的效果完全相同。

```
//绝对路径写法
var plane =
  new PIXI.Sprite.fromImage("http://www.yyfun001.com/lesson/res/bg_01.png");

//相对路径写法
var plane = new PIXI.Sprite.fromImage("res/bg_01.png");
```

测试评价

评价标准：

采分点	教师评分（0~5分）	自评（0~5分）	互评（0~5分）
1. 能够独立创建应用程序，并显示到浏览器中 2. 能够独立创建图片，并添加到应用程序舞台中 3. 能够独立创建文本，并添加到应用程序舞台中 4. 能够正确设置显示元素属性，并实现要求的显示效果 5. 能够通过绝对路径、相对路径设置图片的显示内容			

拓展练习

运用学到的知识完成以下拓展任务。

拓展任务1：屏幕保护系统

运行效果，如图1-6所示。

要求：

1）创建一个名为app的应用，宽：500像素，高：350像素。

2）制作游戏显示效果：添加背景图片、小球图片、文字信息。

3）小球图片位置，x：370，y：170。

4）文字信息内容："屏幕保护系统"。

拓展任务2：拼竹子

运行效果，如图1-7所示。

图1-6　屏幕保护系统

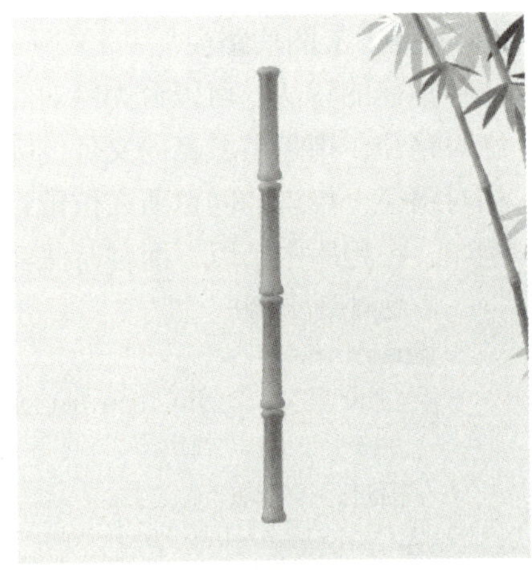

图1-7　拼竹子

要求：

1）创建一个名为app的应用，宽：400像素，高：430像素。

2）添加背景图片。

3）使用一节竹子图片，制作出图1-7中的效果。

拓展任务3：赛车游戏

运行效果，如图1-8所示。

要求：

1）创建一个名为app的应用，宽：480像素，高：800像素。

2）添加背景图片、车辆图片。

提示：

图片的位置可以根据实际预览效果估算。

图1-8　赛车游戏

拓展任务4：类植物大战僵尸

运行效果，如图1-9所示。

要求：

1）创建一个名为 app 的应用，宽：1008像素，高：640像素。

2）按照上面示例显示效果，添加背景图片、物品栏图片、僵尸图片。

3）阳光数量是文本显示元素。

图1-9　类植物大战僵尸

拓展任务5：跑酷游戏

运行效果，如图1-10所示。

图1-10　跑酷游戏

要求：

1）创建一个名为app的应用，宽：800像素，高：400像素。

2）添加天空、海面、地面图片，分别设置图片的位置。

3）添加角色、金币、障碍物图片，分别设置图片的位置。

4）添加“跳跃”按钮、“下蹲”按钮图片，分别设置图片的位置。

提示：

图片的位置可以根据实际预览效果估算。

模块 2 添加游戏控制

学习目标

通过对本模块的学习，需要达到以下目标：

1）能够通过鼠标控制显示元素。例如，实现飞机图片的鼠标跟随效果。

2）学会JavaScript语言中事件的使用。

3）能够通过鼠标事件对象获得鼠标坐标信息。

学习情景

在本模块中，需要实现飞机的鼠标跟随效果。要想实现这一功能，首先需要给背景图片添加鼠标移动事件并获得鼠标坐标信息，然后通过鼠标坐标控制飞机实现鼠标跟随效果，如图2-1所示。

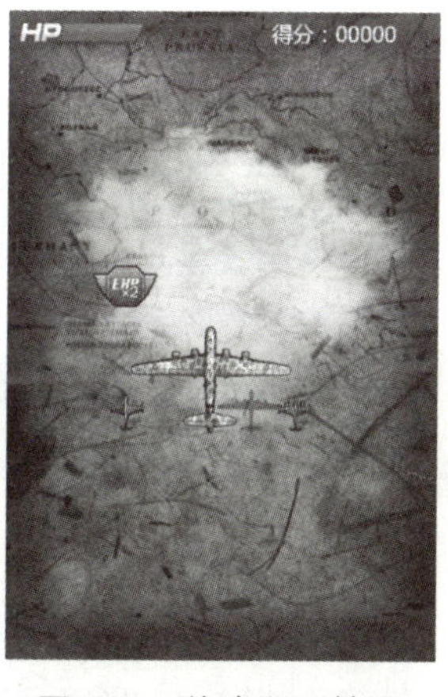

图2-1　游戏显示效果

模块分析

事件是可以被JavaScript侦测到的行为，它可以是浏览器行为，也可以是用户行为。本模块通过给背景图片添加鼠标移动事件并获得鼠标坐标控制飞机实现鼠标跟随效果。

鼠标跟随是指显示元素跟随鼠标指针一起移动。可以在鼠标移动的过程中实时获得鼠标指针的x、y坐标值，并设置给显示元素来实现这一功能。

显示元素的锚点，也可以叫做定位点。当通过x、y坐标设置显示元素的位置时，显示元素是以哪个点来对应x、y坐标，那么对应的点就是锚点。

实施步骤

步骤1：制作飞机图片跟随鼠标

【知识链接】鼠标控制事件

通过鼠标事件可以控制显示元素的变化。常用鼠标事件，见表2-1。

表2-1 常用鼠标事件

事 件	作 用
click	单击某个显示元素
mousemove	鼠标在某个显示元素中移动
mousedown	在某个显示元素上按下鼠标按键
mouseup	在某个显示元素上松开鼠标按键
mouseover	鼠标被移动到某个显示元素上
mouseout	鼠标从某个显示元素上离开

例如，通过鼠标click事件，控制飞机向右移动。

示例：

```
var app = new PIXI.Application(400, 400);
document.body.appendChild(app.view);

//背景图片
var bg = new PIXI.Sprite.fromImage("res/plane/bg/img_bg_level_3.jpg");
app.stage.addChild(bg);

//飞机图片
var plane =
  new PIXI.Sprite.fromImage("res/plane/main/img_plane_enemy_04.png");
app.stage.addChild(plane);

bg.interactive = true;
bg.on("click", move);
function move() {
    plane.x += 10;
}
```

代码讲解：

❶ 允许图片接收控制：

```
bg.interactive = true;
```

开启背景图片bg的事件交互功能，否则鼠标单击事件不起作用。

❷ 添加鼠标事件：

```
bg.on("click", move);
```

当单击背景图片bg时，通知计算机执行move函数的内容。

click：代表鼠标事件的名称。

move：鼠标单击背景图片bg时，将要执行的函数名称。

3 定义move函数，控制飞机移动：

```
function move() {
  plane.x += 10;
}
```

当单击背景图片bg时，计算机会执行move函数中的内容。

function：代表定义一个函数。

move：代表函数的名称。

左花括号：代表函数的开始。

右花括号：代表函数的结束。

plane.x += 10：函数的内容，控制飞机图片plane的x坐标每次增加10像素。

注意：函数中的代码只有在函数被调用时才会执行。

注：关于函数的更多知识，会在后面的内容中做详细介绍。

【知识链接】触屏控制事件

触屏事件是指通过手指触碰屏幕来控制显示元素的变化。常用触屏事件，见表2-2。

表2-2 常用触屏事件

事件	作用
touchstart	手指触碰屏幕
touchend	手指离开屏幕
touchmove	手指在屏幕上滑动

例如，通过鼠标事件与触屏事件控制小汽车向上移动。

示例：

```
var app = new PIXI.Application(500, 600);
document.body.appendChild(app.view);

//背景图片
var bg = new PIXI.Sprite.fromImage("res/lianxi/carplay/bj.png");
app.stage.addChild(bg);

//小汽车图片
var car = new PIXI.Sprite.fromImage("res/lianxi/carplay/car.png");
car.anchor.set(0.5, 0.5);
car.x = 250;
```

```
car.y = 500;
app.stage.addChild(car);

bg.interactive = true;
bg.on("touchstart", moveCar);
bg.on("click", moveCar);
function moveCar() {
    car.y -= 10;
}
```

代码讲解:

① 允许图片接收控制:

```
bg.interactive = true;
```

开启背景图片bg的事件交互功能，否则鼠标事件、触屏事件都不起作用。

② 添加事件:

```
bg.on("touchstart", moveCar);
```

给背景图片bg添加touchstart事件，让程序监听触屏操作。

```
bg.on("click", moveCar);
```

给背景图片bg添加click事件，让程序监听鼠标操作。

③ 定义moveCar函数，控制小汽车移动:

```
function moveCar() {
  car.y -= 10;
}
```

当单击或手指触碰背景图片bg时，计算机会执行moveCar函数中的内容。

function：代表定义一个函数。

moveCar：代表函数的名称。

左花括号：代表函数的开始。

右花括号：代表函数的结束。

car.y -= 10：函数的内容，控制小汽车图片car的y坐标每次递减10像素。

注：给背景图片bg同时添加click、touchstart事件，可以让程序同时监听鼠标和触屏两种事件操作。

【知识链接】获得鼠标坐标

在鼠标事件中，可以获得鼠标坐标，也就是鼠标指针x、y坐标的位置。

示例:

```
var app = new PIXI.Application(400, 400);
document.body.appendChild(app.view);

var bg = new PIXI.Sprite.fromImage("res/bg_02.png");
app.stage.addChild(bg);

bg.interactive = true;
```

```
    bg.on("click", movePlane);
    function movePlane(event) {
        var pos = event.data.getLocalPosition(app.stage);
        var x = pos.x;
        var y = pos.y;
        console.log("x="+x+", y="+y);
    }
```

代码讲解：

① 允许图片接收控制：

```
bg.interactive = true;
```

② 添加鼠标事件：

```
bg.on("click", movePlane);
```

③ 定义movePlane函数，获得鼠标坐标：

```
function movePlane(event) {
    var pos = event.data.getLocalPosition(app.stage);
    var x = pos.x;
    var y = pos.y;
    console.log("x="+x+", y="+y);
}
```

event：代表当前鼠标的事件，该事件中存储了鼠标的相关信息。

var pos = event.data.getLocalPosition(app.stage)：获得鼠标信息，并存储到pos变量中。

var x = pos.x：通过pos获得鼠标指针的x坐标。

var y = pos.y：通过pos获得鼠标指针的y坐标。

console.log(...)：在浏览器控制台上输出鼠标指针的x、y坐标值。

注：1）任何一个鼠标事件都可以通过上述代码获得鼠标坐标。

2）在使用控制台输出时，控制台需要可见（在浏览器中按<F12>键打开控制台）。

【知识链接】鼠标跟随

鼠标跟随就是控制显示元素跟随鼠标一起移动。例如，通过鼠标mousemove事件，实现飞机图片鼠标跟随效果。

示例：

```
var app = new PIXI.Application(400,400);
document.body.appendChild(app.view);

//背景图片
var bg = new PIXI.Sprite.fromImage("res/plane/bg/img_bg_level_3.jpg");
app.stage.addChild(bg);

//飞机图片
```

```
    var plane = new PIXI.Sprite.fromImage("res/plane_blue_01.png");
    app.stage.addChild(plane);

    bg.interactive = true;
    bg.on("mousemove", movePlane);
    function movePlane(event) {
        var pos = event.data.getLocalPosition(app.stage);
        plane.x = pos.x;
        plane.y = pos.y;
    }
```

代码讲解:

❶ 添加事件:

```
bg.interactive = true;
bg.on("mousemove", movePlane);
```

给背景图片bg添加鼠标mousemove事件。

❷ 鼠标跟随:

```
function movePlane(event) {
    var pos = event.data.getLocalPosition(app.stage);
    plane.x = pos.x;
    plane.y = pos.y;
}
```

通过鼠标mousemove事件设置飞机图片plane的x、y坐标，实现鼠标跟随效果。

var pos = event.data.getLocalPosition(app.stage)：获得鼠标相关信息。

plane.x = pos.x：设置飞机图片的x坐标，等于鼠标的x坐标。

plane.y = pos.y：设置飞机图片的y坐标，等于鼠标的y坐标。

注：鼠标mousemove事件是一个比较特殊的事件。因为该事件不管添加给哪一个显示元素，最终都是由应用程序窗口响应该事件。

在本模块中，飞机图片跟随鼠标，代码如下。

```
    var app = new PIXI.Application(512, 768);
    document.body.appendChild(app.view);

    //背景图片
    var bg = new PIXI.Sprite.fromImage("res/plane/bg/img_bg_level_3.jpg");
    app.stage.addChild(bg);

    //云彩图片
    var cloud = new PIXI.Sprite.fromImage("res/texiao/yun02.png");
    app.stage.addChild(cloud);
    cloud.x = 20;
    cloud.y = 130;
```

```
//飞机图片
var plane = new PIXI.Sprite.fromImage("res/plane/plane_blue_01.png");
app.stage.addChild(plane);
plane.x = 200;
plane.y = 550;

//得分文本
var score = new PIXI.Text("得分: 00000");
score.style.fill = "0xffffff";
app.stage.addChild(score);
score.x = 310;
score.y = 10;

//血条背景图片
var hpBg = new PIXI.Sprite.fromImage("res/plane/ui/2_03.png");
app.stage.addChild(hpBg);
hpBg.y = 14;

//血条前景图片
var hpFg = new PIXI.Sprite.fromImage("res/plane/ui/3_03.png");
app.stage.addChild(hpFg);
hpFg.x = 33;
hpFg.y = 14;

//血条图标
var hpPic = new PIXI.Sprite.fromImage("res/plane/ui/img_ui_16.png");
app.stage.addChild(hpPic);
hpPic.x = 10;
hpPic.y = 12;

//道具图片
var item = new PIXI.Sprite.fromImage("res/plane/item/img_plane_item_15.png");
app.stage.addChild(item);
item.x = 100;
item.y = 300;

//通过mousemove事件实现飞机图片跟随鼠标
bg.interactive = true;
bg.on("mousemove", planeMove);
function planeMove(event) {
    var pos = event.data.getLocalPosition(app.stage);
    plane.x = pos.x;
    plane.y = pos.y;
}
```

上述代码的运行效果，如图2-2所示。

图2-2　飞机图片跟随鼠标

步骤2：设置飞机图片锚点坐标

【知识链接】 设置锚点：

显示元素的锚点也可以叫做定位点。当通过x、y坐标设置显示元素位置时，显示元素是以哪个点来对应x、y坐标，那么对应的点就是锚点。

显示元素锚点的默认位置对应显示元素的左上角，如图2-3所示。

在图2-3中，飞机图片坐标位置为x=200、y=100。默认情况下，是飞机图片的左上角对应该坐标的位置。而图片的左上角就是该图片锚点的默认位置。

可以通过代码来更改图片的锚点位置，代码如下。

```
plane.anchor.x = 值：设置x方向锚点位置
plane.anchor.y = 值：设置y方向锚点位置
```

或者

```
plane.anchor.set(值,值)：同时设置x、y方向锚点位置
```

锚点的取值是有一定范围的，如图2-4所示。

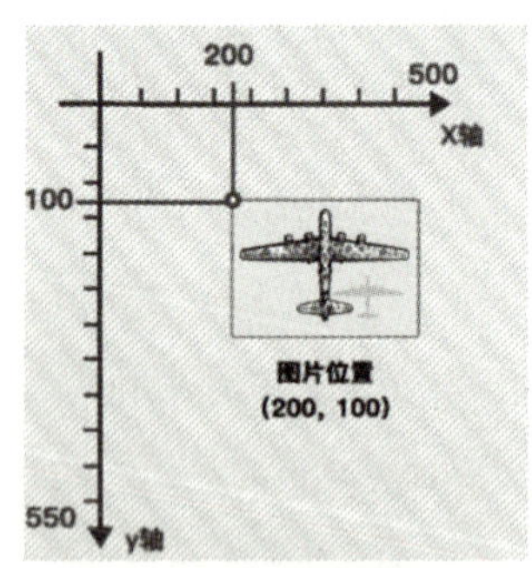

图2-3　显示元素锚点

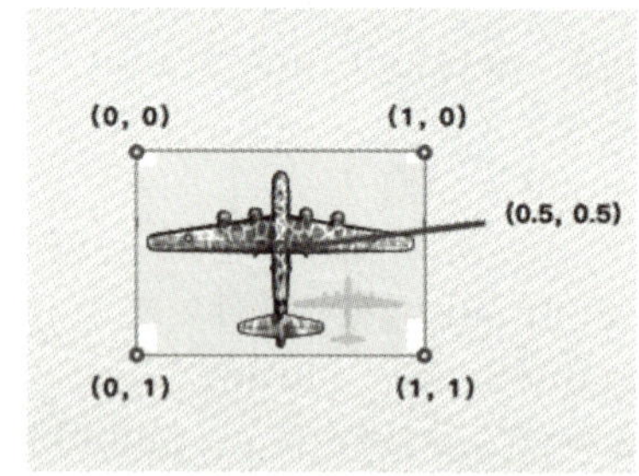

图2-4　锚点的取值

在图2-4中，飞机图片的锚点位置如下。

图片左上角对应锚点位置：

plane.anchor.x=0，plane.anchor.y=0或plane.anchor.set(0,0)

图片右上角对应锚点位置：

plane. anchor. x=1，plane. anchor. y=0或plane. anchor. set(1, 0)

图片左下角对应锚点位置：

plane. anchor. x=0，plane. anchor. y=1或plane. anchor. set(0, 1)

图片右下角对应锚点位置：

plane. anchor. x=1，plane. anchor. y=1或plane. anchor. set(1, 1)

图片中心点对应锚点位置：

plane. anchor. x=0. 5，plane. anchor. y=0. 5或plane. anchor. set(0. 5, 0. 5)

注：锚点的位置并不是固定的，可以任意设置。但锚点的取值范围是0～1之间。

在本模块中，设置飞机图片的锚点坐标，代码如下。

```
var app = new PIXI.Application(512, 768);
document.body.appendChild(app.view);

//背景图片
var bg = new PIXI.Sprite.fromImage("res/plane/bg/img_bg_level_3.jpg");
app.stage.addChild(bg);

//云彩图片
var cloud = new PIXI.Sprite.fromImage("res/texiao/yun02.png");
app.stage.addChild(cloud);
cloud.x = 20;
cloud.y = 130;

//飞机图片
var plane = new PIXI.Sprite.fromImage("res/plane/plane_blue_01.png");
app.stage.addChild(plane);
plane.x = 200;
plane.y = 550;
//设置飞机图片锚点坐标
plane.anchor.x = 0.5;
plane.anchor.y = 0.5;

//得分文本
var score = new PIXI.Text("得分：00000");
score.style.fill = "0xffffff";
app.stage.addChild(score);
score.x = 310;
score.y = 10;

//血条背景图片
var hpBg = new PIXI.Sprite.fromImage("res/plane/ui/2_03.png");
app.stage.addChild(hpBg);
```

```
hpBg.y = 14;

//血条前景图片
var hpFg = new PIXI.Sprite.fromImage("res/plane/ui/3_03.png");
app.stage.addChild(hpFg);
hpFg.x = 33;
hpFg.y = 14;

//血条图标
var hpPic = new PIXI.Sprite.fromImage("res/plane/ui/img_ui_16.png");
app.stage.addChild(hpPic);
hpPic.x = 10;
hpPic.y = 12;

//道具图片
var item = new PIXI.Sprite.fromImage("res/plane/item/img_plane_item_15.png");
app.stage.addChild(item);
item.x = 100;
item.y = 300;

//通过mousemove事件实现飞机图片跟随鼠标
bg.interactive = true;
bg.on("mousemove", planeMove);
function planeMove(event) {
    var pos = event.data.getLocalPosition(app.stage);
    plane.x = pos.x;
    plane.y = pos.y;
}
```

上述代码的运行效果，如图2-5所示。

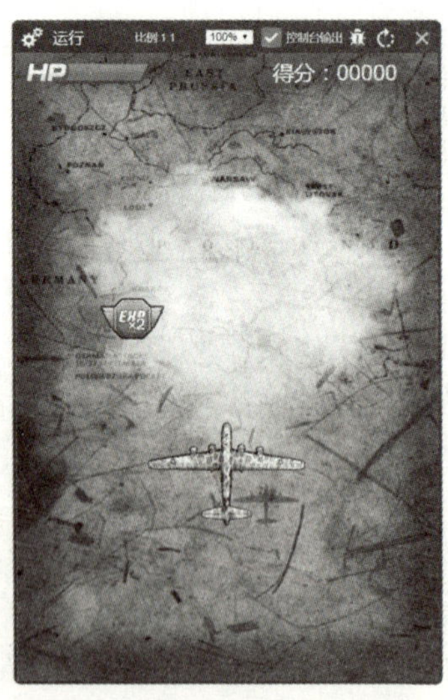

图2-5　设置飞机图片锚点坐标

步骤3：飞机图片添加僚机

【知识链接】将显示元素添加给其他显示元素

显示元素不仅可以添加给舞台，也可以添加给其他显示元素。例如，给飞机图片plane左右各添加了一架僚机。

示例：

```
var app = new PIXI.Application(500, 700);
document.body.appendChild(app.view);

//背景图片
var bg = new PIXI.Sprite.fromImage("res/plane/bg/img_bg_level_3.jpg");
app.stage.addChild(bg);//将bg添加给舞台

//飞机图片
var plane = new PIXI.Sprite.fromImage("res/plane_blue_01.png");
plane.anchor.set(0.5, 0.5);
app.stage.addChild(plane);//将plane添加给舞台

//左侧僚机图片
var leftPlane = new PIXI.Sprite.fromImage("res/plane/liaoji_01_11.png");
leftPlane.anchor.set(0.5, 0.5);
leftPlane.x = -100;
leftPlane.y = 60;
plane.addChild(leftPlane);//将leftPlane添加给plane

//右侧僚机图片
var rightPlane = new PIXI.Sprite.fromImage("res/plane/liaoji_01_11.png");
rightPlane.anchor.set(0.5, 0.5);
rightPlane.x = 100;
rightPlane.y = 60;
plane.addChild(rightPlane);//将rightPlane添加给plane

bg.interactive = true;
bg.on("mousemove", movePlane);
function movePlane(event) {
    var pos = event.data.getLocalPosition(app.stage);
    plane.x = pos.x;
    plane.y = pos.y;
}
```

代码讲解：

❶ 添加左侧僚机：

```
plane.addChild(leftPlane);
```

将僚机图片leftPlane添加给飞机图片plane。

② 添加右侧僚机：

```
plane.addChild(rightPlane);
```

将僚机图片rightPlane添加给飞机图片plane。

在上面示例中，当将两个僚机图片添加给飞机图片后，有两点需要注意：

1）两个僚机图片会随着飞机图片的移动而移动。

2）两个僚机图片的x、y坐标，是以飞机图片的锚点位置为参照点的，如图2-6所示。

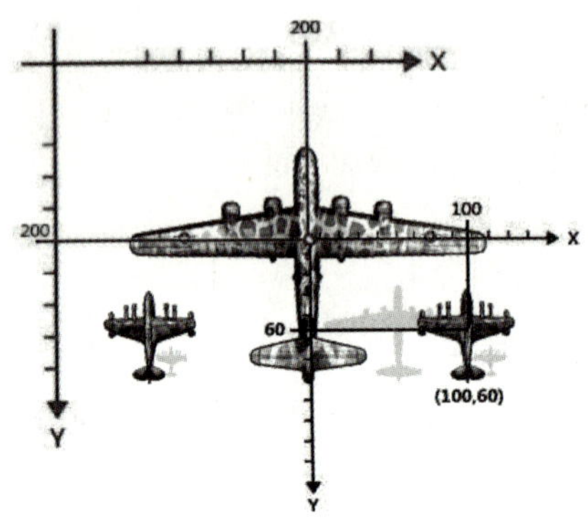

图2-6　图片图层

【知识链接】图层与显示效果

在游戏界面添加显示元素时，默认情况下，后添加的显示元素会遮挡住先添加的显示元素，但也有一些例外情况。

示例：

```
var app = new PIXI.Application(500,500);
document.body.appendChild(app.view);

//飞机图片
var plane = new PIXI.Sprite.fromImage("res/plane_blue_01.png");
plane.anchor.set(0.5,0.5);
plane.x = 200;
plane.y = 200;
app.stage.addChild(plane);

//云彩图片
var yun = new PIXI.Sprite.fromImage("res/texiao/yun01.png");
yun.anchor.set(0.5,0.5);
yun.x = 240;
yun.y = 300;
app.stage.addChild(yun);

//爆炸图片
var boom = new PIXI.Sprite.fromImage("res/texiao/bao01.png");
```

```
boom.anchor.set(0.5,0.5);
plane.addChild(boom);
```

上面示例的运行效果，如图2-7所示。

在上面示例中，爆炸图片boom是最后添加的显示元素，可是却没有显示在游戏界面的最顶层。原因在于，爆炸图片boom并没有添加给舞台，而是添加给了飞机图片plane，代码如下。

```
var boom = new PIXI.Sprite.fromImage("res/texiao/bao01.png");
boom.anchor.set(0.5,0.5);
plane.addChild(boom);
```

结果导致boom和plane两张图片出现在同一图层，如图2-8所示。

图2-7　示例运行效果

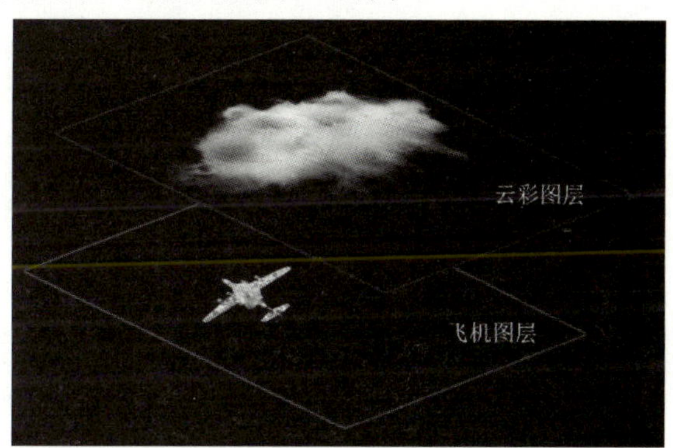

图2-8　图片图层

在本模块中，给飞机图片添加左右僚机，代码如下。

```
var app = new PIXI.Application(512,768);
document.body.appendChild(app.view);

//背景图片
var bg = new PIXI.Sprite.fromImage("res/plane/bg/img_bg_level_3.jpg");
app.stage.addChild(bg);

//云彩图片
var cloud = new PIXI.Sprite.fromImage("res/texiao/yun02.png");
app.stage.addChild(cloud);
cloud.x = 20;
cloud.y = 130;

//飞机图片
var plane = new PIXI.Sprite.fromImage("res/plane/plane_blue_01.png");
app.stage.addChild(plane);
plane.x = 200;
plane.y = 550;
//设置飞机图片锚点坐标
plane.anchor.x = 0.5;
plane.anchor.y = 0.5;

//得分文本
```

```
var score = new PIXI.Text("得分: 00000");
score.style.fill = "0xffffff";
app.stage.addChild(score);
score.x = 310;
score.y = 10;

//血条背景图片
var hpBg = new PIXI.Sprite.fromImage("res/plane/ui/2_03.png");
app.stage.addChild(hpBg);
hpBg.y = 14;

//血条前景图片
var hpFg = new PIXI.Sprite.fromImage("res/plane/ui/3_03.png");
app.stage.addChild(hpFg);
hpFg.x = 33;
hpFg.y = 14;

//血条图标
var hpPic = new PIXI.Sprite.fromImage("res/plane/ui/img_ui_16.png");
app.stage.addChild(hpPic);
hpPic.x = 10;
hpPic.y = 12;

//道具图片
var item = new PIXI.Sprite.fromImage("res/plane/item/img_plane_item_15.png");
app.stage.addChild(item);
item.x = 100;
item.y = 300;

//添加左侧僚机
var planeLeft = new PIXI.Sprite.fromImage("res/plane/liaoji_02_11.png");
plane.addChild(planeLeft);
planeLeft.anchor.x = 0.5;
planeLeft.anchor.y = 0.5;
planeLeft.x = -80;
planeLeft.y = 50;

//添加右侧僚机
var planeRight = new PIXI.Sprite.fromImage("res/plane/liaoji_02_11.png");
plane.addChild(planeRight);
planeRight.anchor.x = 0.5;
planeRight.anchor.y = 0.5;
planeRight.x = 80;
planeRight.y = 50;

//通过mousemove事件实现飞机图片跟随鼠标
```

```
bg.interactive = true;
bg.on("mousemove", planeMove);
function planeMove(event) {
    var pos = event.data.getLocalPosition(app.stage);
    plane.x = pos.x;
    plane.y = pos.y;
}
```

上述代码的运行效果，如图2-9所示。

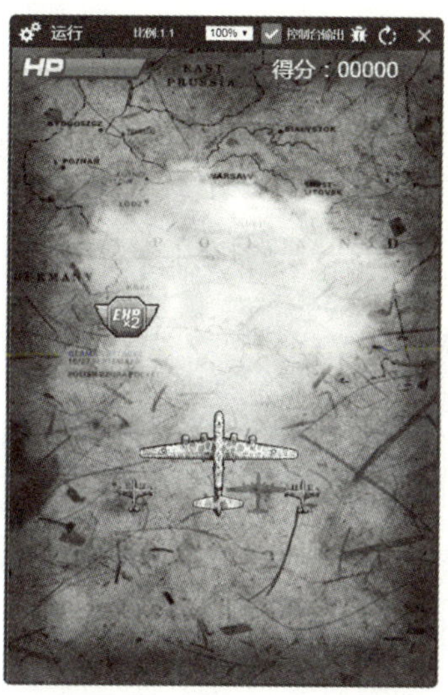

图2-9　飞机图片添加僚机

测试评价

评价标准：

采分点	教师评分（0～5分）	自评（0～5分）	互评（0～5分）
1. 能够通过鼠标事件控制显示元素的变化 2. 能够通过触屏事件控制显示元素的变化 3. 能够通过鼠标事件实现显示元素鼠标跟随效果 4. 能够正确设置显示元素的锚点坐标 5. 能够通过图层丰富游戏界面显示效果			

拓展练习

运用学习到的知识完成以下拓展任务。

拓展任务1：类植物大战僵尸——收阳光

运行效果，如图2-10所示。

要求：

1）创建一个名为 app 的应用，宽：1008像素，高：640像素。
2）参照上面示例的显示效果，添加相应的显示元素。
3）单击草坪上的太阳时太阳消失。

提示：

太阳图片消失的办法：当单击太阳图片时，设置太阳图片隐藏。

拓展任务2：类恐龙快打（控制角色方向）

运行效果，如图2-11所示。

图2-10 类植物大战僵尸——收阳光

图2-11 类恐龙快打（控制角色方向）

要求：

1）创建一个名为 app 的应用，宽：740像素，高：460像素。
2）参照上面示例的效果，添加相应的显示元素。
3）当单击方向按钮时，控制人物向对应的方向移动。

拓展任务3：斗地主手牌选择

运行效果，如图2-12所示。

要求：

1）创建一个名为app的应用，宽：1008像素，高：640像素。
2）参照上面示例的显示效果，添加相应的显示元素。
3）当单击纸牌时，纸牌位置发生变化，达成选择出牌效果。

提示：

可参考当鼠标移入图片时变成小手样式的实现方法。

```
poker1.buttonMode = true;
```

拓展任务4：大鱼吃小鱼

运行效果，如图2-13所示。

图2-12　斗地主手牌选择

图2-13　大鱼吃小鱼

要求：

1）创建一个名为app的应用，宽：500像素，高：350像素。

2）参照上面示例的显示效果，添加相应的显示元素。

3）移动鼠标，大鱼跟随鼠标移动。

拓展任务5：反恐重击

运行效果，如图2-14所示。

要求：

1）创建一个名为app的应用，宽：800像素，高：600像素。

2）参照上面示例的显示效果，添加相应的显示元素。

3）控制准星图片跟随鼠标移动。

4）当单击背景图片时，在单击位置显示弹痕图片。

5）在界面的左下角处，动态显示准星图片的x和y坐标。

拓展任务6：类合金弹头人物移动

运行效果，如图2-15所示。

要求：

1）创建一个名为 app 的应用，宽：700像素，高：400像素。

2）参照上面示例的显示效果，添加背景图片、左右两个方向按扭。

3）创建人物上半身图片，添加给舞台。

4）创建人物下半身图片，添加给上半身，通过控制人物上半身，实现整个人物的动画效果。

5）当单击方向按钮时，控制人物向对应的方向移动，并且人物图片实现水平翻转效果。

图2-14　反恐重击

图2-15　类合金弹头人物移动

提示:

鼠标移入图片时，变成小手样式的实现方法。

```
leftButton. buttonMode = true;
```

拓展任务7：制作弹出界面

运行效果，如图2-16所示。

图2-16　制作弹出界面

要求:

1）创建两个按钮，分别为“商店”和“拍卖”。

2）当单击按钮时，打开“商店面板”或“拍卖面板”。

3）在“商店面板”中添加标题文字“商店”、道具图片及道具的价格。

4）在“拍卖面板”中添加标题文字“拍卖”及文字描述“拍卖功能暂未开启!敬请期待”。

5）在面板中分别加入“关闭”按钮，当单击此按钮时，关闭对应的面板。

模块 3

制作单元素动画

学习目标

通过对本模块的学习，需要达到以下目标：

1）掌握动画原理，并能够通过帧频函数实现单个显示元素动画。

2）学会JavaScript语言中if条件语句的使用。

3）学会JavaScript语言中逻辑运算符的使用。

4）能够独立完成飞机发射子弹的功能。

学习情景

在本模块中，将要完成飞机发射子弹的功能。要想实现这一功能，首先需要制作子弹向上移动的动画，并在子弹超出窗口边界时，控制子弹重新回到飞机所在位置并继续向上移动，如图3-1所示。

图3-1　游戏显示效果

模块分析

帧频函数是应用程序提供的一个功能函数，用于实现程序中的帧频动画。本模块通过帧频函数控制子弹向上移动，制作飞机发射子弹的动画。

判断语句是在程序执行过程中判断给定的条件是否成立，根据判断结果执行不同的操作，从而改变代码的执行顺序。本模块通过判断语句控制子弹，当子弹超出窗口边界时，将重新回到飞机所在位置并继续向上移动。

实施步骤

步骤1：制作子弹移动动画

【知识链接】动画原理

动画是把一个连续的动作分解成许多个动作瞬间的画面，然后，将这许多个画面连续地切换，就会给人造成一种流畅的视觉变化效果。例如，单击背景图片，飞机向上移动3像素。

示例：

```
var app = new PIXI.Application(500,500);
document.body.appendChild(app.view);

var bg = new PIXI.Sprite.fromImage("res/plane/bg/img_bg_level_3.jpg");
app.stage.addChild(bg);

var plane =
    new PIXI.Sprite.fromImage("res/plane/main/img_plane_main_06.png");
app.stage.addChild(plane);

plane.x = 0;
plane.y = 300;

//单击背景图片，飞机向上移动3像素
bg.interactive = true;
bg.on("click", move);
function move() {
    plane.y -= 3;
}
```

在上面的示例中，如果快速并连续单击背景图片，则会形成一个飞机连续向上移动的动画效果，如图3-2所示。

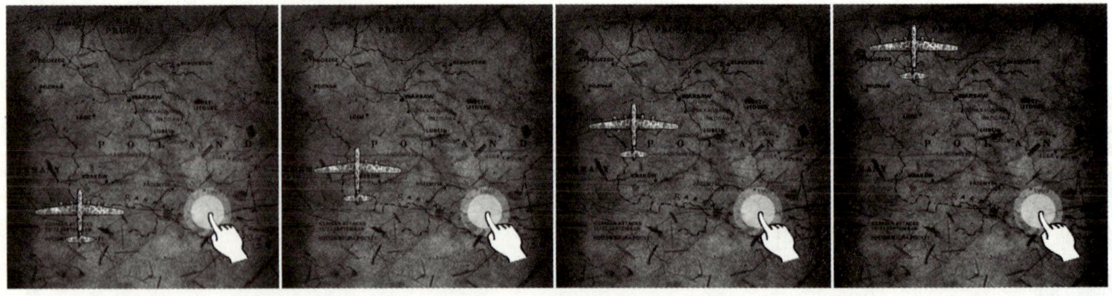

图3-2　动画原理

如果将上面示例的手动控制飞机移动改为自动控制，那么就可以实现一个真正的动画，把这种动画称为帧频动画。

【知识链接】帧频函数介绍及使用

帧频函数是应用程序提供的一个功能函数，用于实现程序中的帧频动画。

帧频函数具有以下两个特点：

1）帧频函数添加后，由系统自动调用。

2）帧频函数每秒被重复调用60次。

程序中，添加帧频函数的方法：

```
var app = new PIXI.Application(500, 700);
document.body.appendChild(app.view);

//给应用程序添加帧频函数
app.ticker.add(帧频函数名);
function 帧频函数名(){
  帧频函数被调用时执行的代码;
}
```

例如，通过帧频函数，实现了飞机连续向下移动的动画效果。

示例：

```
var app = new PIXI.Application(500, 700);
document.body.appendChild(app.view);

var plane =
    new PIXI.Sprite.fromImage("res/plane/main/img_plane_enemy_04.png");
app.stage.addChild(plane);

app.ticker.add(animate);
function animate() {
    plane.y += 1;
}
```

代码讲解：

① 添加帧频函数：

```
app.ticker.add(animate);
```

指定animate函数为帧频函数。

app.ticker.add()：给应用程序添加帧频函数。

animate：帧频函数的名称。

② 定义animate函数，实现帧频动画：

```
function animate(){
    plane.y += 1;
}
```

通过animate函数，控制飞机plane图片的y坐标加1。

注：帧频函数不仅可以控制显示元素x、y坐标的变化，也可以控制显示元素的大小、透明度、显示内容等变化。

【知识链接】判断语句介绍

判断语句是在程序执行过程中判断给定的条件是否成立，根据判断结果执行不同的操作，从而改变代码的执行顺序，实现更多的功能，如图3-3所示。

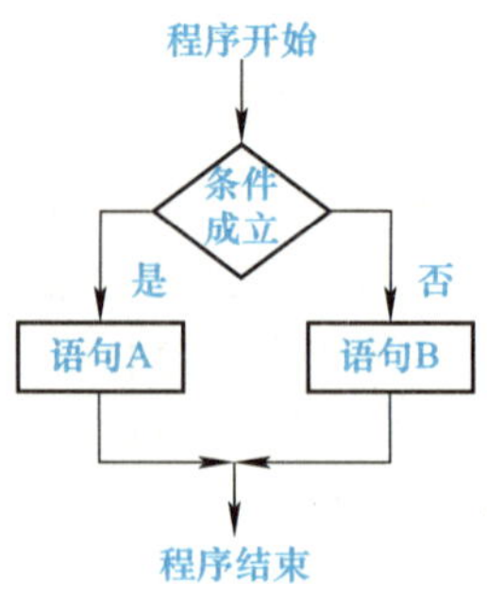

图3-3 判断语句

在图3-3中，程序开始向下执行，判断给定的条件是否成立，如果条件成立，则执行“语句A”，否则执行“语句B”，最后程序结束。

【知识链接】if条件语句

判断语句有多种实现方式，最常用的就是if条件语句。if条件语句在程序运行中提供判断的功能，语法格式也有多种写法，下面将逐个进行介绍。

语法格式：if结构

```
if(条件){
  当条件成立时执行的代码
}
```

例如，通过使用if结构判断飞机是否超出窗口下边界，如果超出窗口下边界，则自动回到窗口的顶端。

示例：

```
var app = new PIXI.Application(400,400);
document.body.appendChild(app.view);

var plane =
    new PIXI.Sprite.fromImage("res/plane/main/img_plane_enemy_04.png");
app.stage.addChild(plane);

app.ticker.add(animate);
function animate() {
    plane.y += 1;
    //判断飞机是否超出窗口下边界
    if(plane.y > 400) {
        plane.y = -100;
    }
}
```

代码讲解：

判断飞机图片的位置：

```
if(plane.y > 400) {
   plane.y = -100;
}
```

如果飞机图片plane的y坐标大于400，则将plane的y坐标重新设置为-100。

if：代表当前是判断语句。

plane.y > 400：判断的条件。

{}：左右花括号，代表判断的开始与结束。

plane.y = -100：判断条件成立时，将要执行的代码。

语法格式：if-else结构

```
if(条件1){
  当条件1成立时执行的代码
}
else{
  当条件1不成立时执行的代码
}
```

例如，通过if-else结构判断飞机是否在移动，如果飞机正在移动，那么就让飞机停止，否则就让飞机向下移动。

示例：

```
var app = new PIXI.Application(500, 700);
document.body.appendChild(app.view);

var bg = new PIXI.Sprite.fromImage("res/bg_02.png");
app.stage.addChild(bg);

var plane =
    new PIXI.Sprite.fromImage("res/plane/main/img_plane_enemy_04.png");
app.stage.addChild(plane);

//飞机移动速度
var speed = 0;

app.ticker.add(animate);
function animate() {
    plane.y += speed;
}

bg.interactive = true;
bg.on("click", function() {
    //判断飞机速度
    if(speed == 0) {
        speed = 1;
    }
    else{
        speed = 0;
    }
})
```

代码讲解:

判断飞机速度:

```
if(speed == 0){
    speed = 1;
}
else{
    speed = 0;
}
```

如果speed变量值等于0，则让speed变量值等于1，否则就等于0。

语法格式：if-elseif-else结构

```
if(条件1){
  当条件1成立时执行的代码
}
else if(条件2){
  当条件2成立时执行的代码
}
else if(条件3){
  当条件3成立时执行的代码
}
else{
  当条件1、条件2、条件3都不成立时执行的代码
}
```

例如，通过if-elseif-else结构判断age变量值，在控制台打印不同的文字显示内容。

示例:

```
var age = 20;
if(age == 1){
    console.log("出场亮相");
}
else if(age == 10){
    console.log("天天向上");
}
else if(age == 20){
    //最终显示结果
    console.log("远大理想");
}
else if(age == 30){
    console.log("基本定向");
}
else{
    console.log("不知道");
}
```

代码讲解：

判断age变量的值：

```
if(age == 1){
}
else if(age == 10){
}
else if(age == 20){
}
else if(age == 30){
}
else{
}
```

上面if条件语句存在多个判断条件。哪个条件成立，则执行哪个条件对应的代码。如果上述所有条件都不成立，那么程序将执行else对应的代码。

【知识链接】逻辑运算符

在使用判断语句时，经常需要将多个判断条件连接成更加复杂的判断条件。例如，如果判断变量a的取值范围是“a>0”并且“a<5”，那么这个时候，就要用到逻辑运算符了。逻辑运算符主要有3个，详情见表3-1。

表3-1 逻辑运算符

语法	名称	规则
条件 && 条件	&&（逻辑与）	运算符两边的条件都为真，结果才为真
条件 || 条件	||（逻辑或）	运算符两边的条件只要有一边为真，结果就为真
!条件	!（逻辑非）	非真即假、非假即真

注：“真”代表条件成立，“假”代表条件不成立。

逻辑与运算符可以将多个条件连接成更加复杂的条件。其运算规则是，只有运算符两边的条件都为真，结果才为真，否则结果就为假。例如，通过判断语句，控制“横杆”只能在特定范围内跟随鼠标移动。

示例：

```
var app = new PIXI.Application(500,700);
document.body.appendChild(app.view);

var bg = new PIXI.Sprite.fromImage("res/lianxi/zhuan/bg3.png");
bg.width = 500;
bg.height = 700;
app.stage.addChild(bg);

//横杆
var gan = new PIXI.Sprite.fromImage("res/lianxi/zhuan/img-1_82.png");
gan.anchor.set(0.5,0.5);
gan.x = 410;
```

```
    gan.y = 600;
    app.stage.addChild(gan);

    bg.interactive = true;
    bg.on("mousemove", function(event) {
        var pos = event.data.getLocalPosition(app.stage);
        if(pos.x>90 && pos.x<410) {
            gan.x = pos.x;
        }
    });
```

代码讲解：

通过判断鼠标坐标移动横杆：

```
    if(pos.x>90 && pos.x<410) {
        gan.x = pos.x;
    }
```

当鼠标的x坐标值大于90并且小于410时，才让横杆水平跟随鼠标移动。

逻辑或运算符同样也可以将多个条件连接成更加复杂的条件。其运算规则是，只要运算符两边的条件有一边为真，结果就为真，否则结果就为假。例如，通过判断语句控制“小球”的移动方向。

示例：

```
    var app = new PIXI.Application(700, 300);
    document.body.appendChild(app.view);

    var bg = new PIXI.Sprite.fromImage("res/lianxi/collision/bg.png");
    app.stage.addChild(bg);

    //小球
    var ball = new PIXI.Sprite.fromImage("res/lianxi/collision/qiu2.png");
    ball.anchor.set(0.5, 0.5);
    ball.width = 100;
    ball.height = 100;
    ball.x = 50;
    ball.y = 250;
    app.stage.addChild(ball);

    //小球移动速度
    var speed = 5;

    app.ticker.add(function() {
        ball.x += speed;
        if(ball.x<50 || ball.x>650) {
            speed *= -1;
        }
    });
```

代码讲解:

❶ 定义speed变量:

```
var speed = 5;
```

定义speed变量，用于控制小球的移动速度及方向。

如果speed为负值，则小球向左移动。如果speed为正值，则小球向右移动。

❷ 判断小球的位置，控制小球的移动方向:

```
if(ball.x < 50 || ball.x > 650) {
    speed *= -1;
}
```

当小球的x坐标小于50或者大于650时，代表小球碰撞到了窗口边界。

如果speed = 5，那么乘以-1，速度变为-5，小球开始向左移动。

如果speed = -5，那么乘以-1，速度变为5，小球开始向右移动。

逻辑非运算符是求本来值的反值。其运算规则是，对一个真的条件执行逻辑非，得到的结果就是假，对一个假的条件执行逻辑非，得到的结果就是真。例如，通过逻辑非运算符，控制“小球”是否移动。

示例:

```
var app = new PIXI.Application(700, 300);
document.body.appendChild(app.view);

var bg = new PIXI.Sprite.fromImage("res/lianxi/collision/bg.png");
app.stage.addChild(bg);

var ball = new PIXI.Sprite.fromImage("res/lianxi/collision/qiu2.png");
ball.anchor.set(0.5, 0.5);
ball.width = 100;
ball.height = 100;
ball.x = 50;
ball.y = 250;
app.stage.addChild(ball);

//控制小球是否移动的变量
var isMove = false;

bg.interactive = true;
bg.buttonMode = true;
bg.on("click", function() {
    //单击背景图片，更改isMove变量值
    isMove = !isMove;
});

app.ticker.add(function() {
```

```
        //判断isMove变量值，控制小球是否移动
        if(isMove) {
          ball.x += 1;
        }
    });
```

代码讲解：

❶ 定义isMove变量：

```
var isMove = false;
```

定义isMove变量，用于控制小球是否移动。

如果isMove=true则小球开始移动，如果isMove=false则小球停止。

❷ 单击背景bg图片，控制小球是否移动：

```
bg.interactive = true;
bg.buttonMode = true;
bg.on("click", function() {
    isMove = !isMove;
});
```

当单击背景bg图片时，如果isMove = true，则将isMove设置为false；如果isMove = false，则将isMove设置为true。

注：true代表真、false代表假。

【知识链接】飞机发射子弹

飞机发射子弹，就是在制作子弹的移动动画。该功能在代码实现上有两点需要注意：

1）子弹与飞机的位置关系。子弹图片与飞机图片首次出现时，必须要出现在同一位置，这样才能感觉子弹是由飞机发射出去的，如图3-4所示。

2）子弹移动动画。子弹图片向上移动，当超出游戏窗口范围时要将子弹图片重新设置到飞机图片位置，重新发射。这样才能形成飞机连续发射子弹的动画效果，如图3-5所示。

图3-4　飞机发射子弹原理1

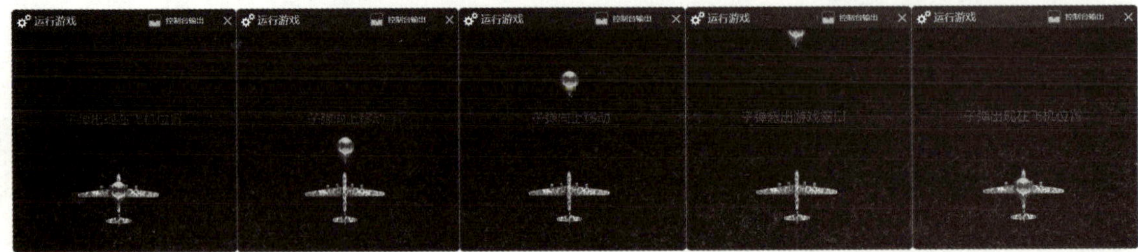

图3-5　飞机发射子弹原理2

```
var app = new PIXI.Application(400, 400);
document.body.appendChild(app.view);

//飞机图片
var plane = PIXI.Sprite.fromImage("res/plane/plane_blue_01.png");
plane.x = 200;
plane.y = 300;
plane.anchor.set(0.5, 0.5);
app.stage.addChild(plane);

//子弹图片
var bullet = PIXI.Sprite.fromImage("res/plane/bullet_01.png");
bullet.x = 200;
bullet.y = 300;
bullet.anchor.set(0.5, 0.5);
app.stage.addChild(bullet);

//鼠标移动事件
app.stage.interactive=true;
app.stage.on('mousemove', movePlane);
function movePlane(event) {
    var pos=event.data.getLocalPosition(app.stage);
    plane.x = pos.x;
    plane.y = pos.y;
}

//帧频函数
app.ticker.add(animate);
function animate() {
    bullet.y -= 10;
    if(bullet.y < 0) {
        bullet.y = plane.y;
        bullet.x = plane.x;
    }
}
```

代码讲解：

❶ 设置飞机与子弹的位置：
飞机图片：

```
var plane = PIXI.Sprite.fromImage("res/plane/plane_blue_01.png");
plane.x = 200;
plane.y = 300;
```

子弹图片：

```
var bullet = PIXI.Sprite.fromImage("res/plane/bullet_01.png");
```

```
bullet.x = 200;
bullet.y = 300;
```

② 子弹移动动画:

```
function animate() {
    bullet.y -= 10;
    if(bullet.y < 0) {
        bullet.y = plane.y;
        bullet.x = plane.x;
    }
}
```

通过帧频函数animate控制子弹图片向上移动。

如果子弹图片超出游戏窗口范围，则将子弹图片重新放置到飞机图片位置。

例如，在本模块中，通过帧频函数制作飞机发射子弹动画，代码如下。

```
var app = new PIXI.Application(512, 768);
document.body.appendChild(app.view);

//背景
var bg = new PIXI.Sprite.fromImage("res/plane/bg/img_bg_level_3.jpg");
app.stage.addChild(bg);

//云彩
var yun = new PIXI.Sprite.fromImage("res/texiao/yun02.png");
app.stage.addChild(yun);
yun.x = 20;
yun.y = 130;

//长机
var plane = new PIXI.Sprite.fromImage("res/plane/plane_blue_01.png");
app.stage.addChild(plane);
plane.x = 200;
plane.y = 550;
plane.anchor.x = 0.5;
plane.anchor.y = 0.5;

//左僚机
var planeLeft = new PIXI.Sprite.fromImage("res/plane/liaoji_02_11.png");
plane.addChild(planeLeft);
planeLeft.anchor.x = 0.5;
planeLeft.anchor.y = 0.5;
planeLeft.x = -80;
planeLeft.y = 50;

//右僚机
var planeRight = new PIXI.Sprite.fromImage("res/plane/liaoji_02_11.png");
```

```
plane.addChild(planeRight);
planeRight.anchor.x = 0.5;
planeRight.anchor.y = 0.5;
planeRight.x = 80;
planeRight.y = 50;

//子弹
var bullet = new PIXI.Sprite.fromImage("res/plane/bullet_02.png");
app.stage.addChild(bullet);
bullet.anchor.x = 0.5;
bullet.anchor.y = 0.5;
bullet.x = plane.x;
bullet.y = plane.y - 100;

//敌机
var enemy = new PIXI.Sprite.fromImage("res/plane/enemy_04.png");
app.stage.addChild(enemy);
enemy.anchor.x = 0.5;
enemy.anchor.y = 0.5;
enemy.x = 300;

//得分文本
var defen = new PIXI.Text("得分: 00000");
defen.style.fill = "0xffffff";
app.stage.addChild(defen);
defen.x = 310;
defen.y = 10;

//血槽
var hpBg = new PIXI.Sprite.fromImage("res/plane/ui/2_03.png");
app.stage.addChild(hpBg);
hpBg.y = 14;

//血条
var hpTiao = new PIXI.Sprite.fromImage("res/plane/ui/3_03.png");
app.stage.addChild(hpTiao);
hpTiao.x = 33;
hpTiao.y = 14;

//血条左侧HP图片
var hpPic = new PIXI.Sprite.fromImage("res/plane/ui/img_ui_16.png");
app.stage.addChild(hpPic);
hpPic.x = 10;
hpPic.y = 12;

//道具
var item = new PIXI.Sprite.fromImage("res/plane/item/img_plane_item_15.png");
```

```
app.stage.addChild(item);
item.x = 100;
item.y = 300;

//添加鼠标事件
bg.interactive = true;
bg.on("mousemove", movePlane);
function movePlane(event) {
    var pos = event.data.getLocalPosition(app.stage);
    plane.x = pos.x;
    plane.y = pos.y;
}

//帧频函数
app.ticker.add(animate);
function animate() {
    //子弹移动动画
    bullet.y -= 10;
    if(bullet.y < -100) {
        bullet.x = plane.x;
        bullet.y = plane.y;
    }
}
```

上述代码的运行效果，如图3-6所示。

图3-6　飞机发射子弹动画

测试评价

评价标准:

采分点	教师评分（0~3分）	自评（0~3分）	互评（0~3分）
1. 掌握动画原理，并能够通过帧频函数制作单元素动画 2. 掌握判断语句的使用，并能够通过判断语句实现程序判断功能 3. 掌握子弹移动动画的原理，并能够实现飞机发射子弹的功能			

拓展练习

运用学习到的知识完成以下拓展任务。

拓展任务1：类植物大战僵尸——僵尸旋转消失

运行效果，如图3-7所示。

要求:

1）创建一个名为app的应用，宽：500像素，高：500像素。

2）添加僵尸显示元素。

3）实现僵尸消失的动画显示效果。

拓展任务2：打砖块——横杆移动

运行效果，如图3-8所示。

图3-7 类植物大战僵尸——僵尸旋转消失

图3-8 打砖块——横杆移动

要求:

1）创建一个名为app的应用，宽：270像素，高：400像素。

2）参照上面示例的显示效果，添加相应的显示元素。

3）添加横杆控制，跟随鼠标左右移动。

4）通过位置判断控制横杆左右移动时，不能超出屏幕范围。

拓展任务3：斗地主——选择/取消出牌

运行效果，如图3-9所示。

要求：

1）创建一个名为app的应用，宽：1008像素，高：640像素。
2）参照上面示例的显示效果，添加相应的显示元素。
3）单击纸牌时，纸牌位置向上移动，实现选牌功能。
4）再次单击已经选择的纸牌时，纸牌移动回原来的位置。

拓展任务4：类植物大战僵尸——发射子弹

运行效果，如图3-10所示。

图3-9　斗地主——选择/取消出牌

图3-10　类植物大战僵尸——发射子弹

要求：

1）创建一个名为 app 的应用，宽：1008像素，高：640像素。
2）参照上面示例的显示效果，添加相应的显示元素。
3）豌豆发射子弹，当子弹超出屏幕时，重新发射子弹。

模块 4
制作多元素动画

学习目标

通过对本模块的学习，需要达到以下目标：

1）掌握多元素动画的原理及实现方式。

2）学会JavaScript语言中函数的定义、调用、参数、返回值。

3）学会JavaScript语言中匿名函数的使用。

4）理解JavaScript语言中变量作用域的特点。

学习情景

要完成多元素动画的制作，首先应该添加帧频函数，并通过帧频函数分别实现敌机动画、云彩动画、道具动画、背景动画，运行效果如图4-1所示。

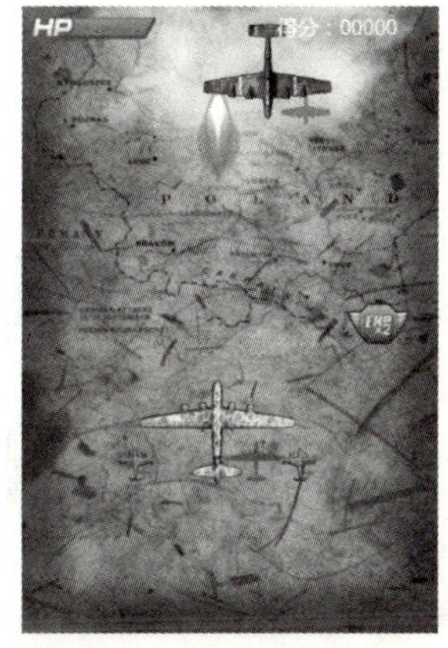

图4-1 游戏显示效果

模块分析

函数是具有特定功能的代码块，一次编写多次调用。通过函数对代码进行有效地组织，代码可以更加结构化、模块化，同时代码更易于理解和维护。本模块通过函数封装不同显示元素的动画，并通过帧频函数进行统一的调用，从而实现多显示元素动画效果。

匿名函数顾名思义指的是没有名字的函数，在实际开发中使用的频率非常高，例如，JavaScript中的闭包以及立即执行函数等功能都是通过匿名函数来实现的。

变量作用域是指变量在程序中的使用范围，一般分为局部变量、全局变量。例如，如果在某个函数中定义了一个局部变量，那么，它在函数以外的地方是不可见的。

实施步骤

步骤1：制作子弹动画

【知识链接】函数

函数是具有特定功能的代码块，一次编写多次调用。通过函数对代码进行有效地组织，代码可以更加结构化、模块化，同时代码更易于理解和维护。

例如，定义一个createPlane()函数用于创建一架飞机，连续调用三次，结果产生了三架飞机，如图4-2所示。

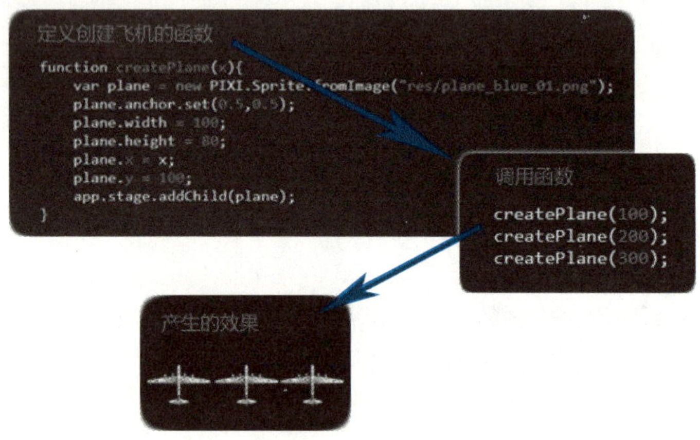

图4-2　函数介绍

【知识链接】使用函数

函数的使用由两部分组成：定义函数、调用函数。

定义函数：

```
function 函数名() {
函数被调用时执行的代码;
}
```

调用函数：

```
函数名();
```

注：函数必须先定义，后调用。

例如，通过函数向控制台打印一段文字内容。

示例：

```
function hello() {
    console.log("飞机大战游戏");
}

hello();
```

代码讲解：

❶ 定义函数：

```
function hello() {
        console.log("飞机大战游戏");
}
```

function：代表定义一个函数。

hello：是函数的名称。

{}：左右花括号，分别代表函数的开始与结束。

console.log("飞机大战游戏")：函数将要执行的代码。

❷ 调用函数：

```
hello();
```

通过函数名，调用函数。

注：函数只有被调用，花括号中的代码才会被执行。

【知识链接】制作多元素动画

函数可以优化程序，使程序结构更加清晰。例如，帧频函数既要控制背景图片动画，又要控制子弹图片动画，可以通过函数将这两个动画分别来实现。

示例：

```
var app = new PIXI.Application(500,500);
document.body.appendChild(app.view);

//背景图片
var bg = new PIXI.Sprite.fromImage("res/plane/bg/img_bg_level_1.jpg");
bg.width = 500;
bg.height = 1200;
app.stage.addChild(bg);

//飞机图片
var plane = new PIXI.Sprite.fromImage("res/plane_blue_01.png");
plane.anchor.set(0.5,0.5);
plane.x = 250;
plane.y = 400;
app.stage.addChild(plane);

//子弹图片
var bullet = new PIXI.Sprite.fromImage("res/bullet_01.png");
bullet.anchor.set(0.5,0.5);
bullet.x = 250;
bullet.y = 450;
```

```
app.stage.addChild(bullet);

//帧频函数
app.ticker.add(animate);
function animate() {
    moveBg();//调用mvoeBg()函数
    moveBullet();//调用moveBullet()函数
}

//背景动画
function moveBg() {
    bg.y += 1;
    if(bg.y > 0) {
        bg.y = -600;
    }
}

//子弹动画
function moveBullet() {
    bullet.y -= 10;
    if(bullet.y < -30) {
        bullet.y = plane.y-50;
    }
}
```

代码讲解：

❶ 定义函数：

```
function moveBg() {
    bg.y += 1;
    if(bg.y > 0) {
        bg.y = -600;
    }
}
```

定义moveBg()函数，控制背景图片动画。

function：代表定义一个函数。

moveBg：函数的名称。

{}：左右花括号，分别代表函数的开始与结束。

❷ 定义函数：

```
function moveBullet() {
    bullet.y -= 10;
    if(bullet.y < -30) {
        bullet.y = plane.y-50;
```

```
        }
    }
```

定义moveBullet()函数，控制子弹图片动画。

function：代表定义一个函数。

moveBullet：函数的名称。

{}：左右花括号，分别代表函数的开始与结束。

③ 制作多元素动画：

```
app.ticker.add(animate);
function animate() {
    moveBg();
    moveBullet();
}
```

通过帧频函数调用moveBg()、moveBullet()函数，分别实现背景与子弹的动画。

moveBg()：调用moveBg()函数，实现背景图片动画。

moveBullet()：调用moveBullet()函数，实现子弹图片动画。

【知识链接】函数的参数

在调用函数时，可以给函数传递一些数据，这些数据称为参数。对于一个函数，可以没有参数，也可以有多个参数。例如，给sum()函数添加了a、b两个参数。

```
function sum(a, b) {
    var s = a + b;
    alert("两数之和为："+s);
}

sum(10, 20);
```

代码讲解：

① 定义函数：

```
function sum(a, b) {
    var s = a + b;
    alert("两数之和为："+s);
}
```

定义sum()函数，该函数含有a、b两个参数。

参数a：在函数被调用时，参数a对应的是sum(10, 20)中的10。

参数b：在函数被调用时，参数b对应的是sum(10, 20)中的20。

② 调用函数：

```
sum(10, 20)
```

调用sum()函数，并给函数传递10、20两个值。

10：代表给sum函数传递的第1个参数值，与sum(a, b)函数中的参数a对应。

20：代表给sum函数传递的第2个参数值，与sum(a, b)函数中的参数b对应。

【知识链接】函数的返回值

函数执行完毕后可以返回一个数据，通常把这个数据称为返回值。对于一个函数，可以有返回值也可以没有返回值，有返回值时可以返回一个值，也可以返回一个数组，还可以返回一个对象等。例如，sum()函数返回了两个数字的和。

示例：

```
function sum(a, b) {
    var s = a + b;
    return s;
}
var result = sum(10, 20);
alert("结果为："+ result);
```

代码讲解：

❶ 定义函数：

```
function sum(a, b) {
    var s = a + b;
    return s;
}
```

定义sum()函数，并通过return返回a+b的和。

var s = a + b：计算a+b的和，并存储到变量s中。

return s：返回变量s的值。

❷ 调用函数：

```
var result = sum(10, 20);
```

调用sum()函数，并通过result变量，接收sum()函数的返回值。

【知识链接】匿名函数

在定义函数时，可以不指定函数名称，通常把这种写法称为匿名函数。例如，通过匿名函数的方式给背景图片添加鼠标单击事件。

示例：

```
var app = new PIXI.Application(500, 600);
document.body.appendChild(app.view);

//背景图片
var bg = new PIXI.Sprite.fromImage("res/plane/bg/img_bg_level_1.jpg");
app.stage.addChild(bg);

//飞机图片
var plane = new PIXI.Sprite.fromImage("res/enemy_04.png");
app.stage.addChild(plane);

//给背景图片添加鼠标事件
```

```
bg.interactive = true;
bg.on("click",function(){
    plane.y += 10;
});
```

代码讲解:

添加鼠标单击事件:

```
bg.on("click",function(){
    plane.y += 10;
});
```

上面的代码通过匿名函数的方式给背景图片bg添加鼠标单击事件。

function(){…}:定义一个匿名函数，用于处理背景图片bg的鼠标单击事件。

注：因为匿名函数没有函数名，所以上面示例的匿名函数只能被背景图片bg的鼠标单击事件调用。

【知识链接】变量作用域

变量作用域是指变量在程序中的使用范围，一般分为局部变量、全局变量。

局部变量是指在函数或者代码块内部声明的变量，它们只能被函数或者代码块内部的语句使用。例如，showMsg()函数中的age变量就是一个局部变量，它只能在showMsg()函数的内部使用。

示例:

```
function showMsg(){
    var age = 30;
    console.log("函数里显示的年龄:"+age);
}
showMsg();
console.log("函数外显示的年龄:"+age);
```

代码讲解:

❶ 局部变量:

```
function showMsg(){
    var age = 30;
    console.log("函数里显示的年龄:"+age);
}
```

变量age被声明在showMsg()函数内部，是局部变量，它只能在函数内部使用。

console.log("函数里显示的年龄:"+age):打印结果为“函数里显示的年龄:30”。

❷ 函数外调用局部变量:

```
console.log("函数外显示的年龄:"+age)
```

变量age是局部变量，在函数外无法使用。此句代码报错，提示age变量未定义。

全局变量是指在所有函数或者代码块外部声明的变量。全局变量一旦声明，在整个程序中都是可用的。例如，变量age就是一个全局变量。

示例：

```
var age = 30;
function showMsg() {
    console.log("函数里显示的年龄："+age);
}
showMsg();
console.log("函数外显示的年龄："+age);
```

代码讲解：

① 全局变量：

var age = 30;

变量age是全局变量，它在整个程序中都可以正常使用。

② 函数内调用全局变量：

console.log("函数里显示的年龄："+age);

打印结果为“函数里显示的年龄：30”。

③ 函数外调用全局变量：

console.log("函数外显示的年龄："+age);

打印结果为“函数外显示的年龄：30”。

在程序中，局部变量和全局变量的名称可以相同。但是在函数内，局部变量的值会覆盖全局变量的值。例如，在showMsg()函数中，函数里的age会覆盖函数外的age。

示例：

```
var age = 30;
function showMsg() {
    var age = 10;
    console.log("函数里显示的年龄："+age);
}
showMsg();
```

代码讲解：

作用域：

```
var age = 30;
function showMsg() {
    var age = 10;
    console.log("函数里显示的年龄："+age);
}
```

showMsg()函数中使用age变量时，局部变量age的值会覆盖全局变量age的值。

console.log("函数里显示的年龄："+age)：打印结果为“函数里显示的年龄：10”。

例如，在本模块中，通过函数制作子弹动画，代码如下。

```
var app = new PIXI.Application(512, 768);
document.body.appendChild(app.view);

//背景
var bg = new PIXI.Sprite.fromImage("res/plane/bg/img_bg_level_3.jpg");
app.stage.addChild(bg);

//云彩
var yun = new PIXI.Sprite.fromImage("res/texiao/yun02.png");
app.stage.addChild(yun);
yun.x = 20;
yun.y = 130;

//长机
var plane = new PIXI.Sprite.fromImage("res/plane/plane_blue_01.png");
app.stage.addChild(plane);
plane.x = 200;
plane.y = 550;
plane.anchor.x = 0.5;
plane.anchor.y = 0.5;

//左僚机
var planeLeft = new PIXI.Sprite.fromImage("res/plane/liaoji_02_11.png");
plane.addChild(planeLeft);
planeLeft.anchor.x = 0.5;
planeLeft.anchor.y = 0.5;
planeLeft.x = -80;
planeLeft.y = 50;

//右僚机
var planeRight = new PIXI.Sprite.fromImage("res/plane/liaoji_02_11.png");
plane.addChild(planeRight);
planeRight.anchor.x = 0.5;
planeRight.anchor.y = 0.5;
planeRight.x = 80;
planeRight.y = 50;

//子弹
var bullet = new PIXI.Sprite.fromImage("res/plane/bullet_02.png");
app.stage.addChild(bullet);
bullet.anchor.x = 0.5;
bullet.anchor.y = 0.5;
bullet.x = plane.x;
```

```
bullet.y = plane.y - 100;

//敌机
var enemy = new PIXI.Sprite.fromImage("res/plane/enemy_04.png");
app.stage.addChild(enemy);
enemy.anchor.x = 0.5;
enemy.anchor.y = 0.5;
enemy.x = 300;

//得分文本
var defen = new PIXI.Text("得分: 00000");
defen.style.fill = "0xffffff";
app.stage.addChild(defen);
defen.x = 310;
defen.y = 10;

//血槽
var hpBg = new PIXI.Sprite.fromImage("res/plane/ui/2_03.png");
app.stage.addChild(hpBg);
hpBg.y = 14;

//血条
var hpTiao = new PIXI.Sprite.fromImage("res/plane/ui/3_03.png");
app.stage.addChild(hpTiao);
hpTiao.x = 33;
hpTiao.y = 14;

//血条左侧HP图片
var hpPic = new PIXI.Sprite.fromImage("res/plane/ui/img_ui_16.png");
app.stage.addChild(hpPic);
hpPic.x = 10;
hpPic.y = 12;

//道具
var item = new PIXI.Sprite.fromImage("res/plane/item/img_plane_item_15.png");
app.stage.addChild(item);
item.x = 100;
item.y = 300;

//添加鼠标事件
bg.interactive = true;
bg.on("mousemove", movePlane);
function movePlane(event) {
```

```
        var pos = event.data.getLocalPosition(app.stage);
        plane.x = pos.x;
        plane.y = pos.y;
    }

    //帧频函数
    app.ticker.add(animate);
    function animate() {
        moveBullet();
    }

    //子弹动画
    function moveBullet() {
        bullet.y -= 10;
        if(bullet.y < -100) {
            bullet.x = plane.x;
            bullet.y = plane.y;
        }
    }
```

上述代码的运行效果，如图4-3所示。

图4-3　子弹动画

步骤2：制作背景动画

```
var app = new PIXI.Application(512, 768);
document.body.appendChild(app.view);

//背景
var bg = new PIXI.Sprite.fromImage("res/plane/bg/img_bg_level_3.jpg");
app.stage.addChild(bg);

//云彩
```

```
var yun = new PIXI.Sprite.fromImage("res/texiao/yun02.png");
app.stage.addChild(yun);
yun.x = 20;
yun.y = 130;

//长机
var plane = new PIXI.Sprite.fromImage("res/plane/plane_blue_01.png");
app.stage.addChild(plane);
plane.x = 200;
plane.y = 550;
plane.anchor.x = 0.5;
plane.anchor.y = 0.5;

//左僚机
var planeLeft = new PIXI.Sprite.fromImage("res/plane/liaoji_02_11.png");
plane.addChild(planeLeft);
planeLeft.anchor.x = 0.5;
planeLeft.anchor.y = 0.5;
planeLeft.x = -80;
planeLeft.y = 50;

//右僚机
var planeRight = new PIXI.Sprite.fromImage("res/plane/liaoji_02_11.png");
plane.addChild(planeRight);
planeRight.anchor.x = 0.5;
planeRight.anchor.y = 0.5;
planeRight.x = 80;
planeRight.y = 50;

//子弹
var bullet = new PIXI.Sprite.fromImage("res/plane/bullet_02.png");
app.stage.addChild(bullet);
bullet.anchor.x = 0.5;
bullet.anchor.y = 0.5;
bullet.x = plane.x;
bullet.y = plane.y - 100;

//敌机
var enemy = new PIXI.Sprite.fromImage("res/plane/enemy_04.png");
app.stage.addChild(enemy);
enemy.anchor.x = 0.5;
enemy.anchor.y = 0.5;
enemy.x = 300;

//得分文本
```

```
var defen = new PIXI.Text("得分: 00000");
defen.style.fill = "0xffffff";
app.stage.addChild(defen);
defen.x = 310;
defen.y = 10;

//血槽
var hpBg = new PIXI.Sprite.fromImage("res/plane/ui/2_03.png");
app.stage.addChild(hpBg);
hpBg.y = 14;

//血条
var hpTiao = new PIXI.Sprite.fromImage("res/plane/ui/3_03.png");
app.stage.addChild(hpTiao);
hpTiao.x = 33;
hpTiao.y = 14;

//血条左侧HP图片
var hpPic = new PIXI.Sprite.fromImage("res/plane/ui/img_ui_16.png");
app.stage.addChild(hpPic);
hpPic.x = 10;
hpPic.y = 12;

//道具
var item = new PIXI.Sprite.fromImage("res/plane/item/img_plane_item_15.png");
app.stage.addChild(item);
item.x = 100;
item.y = 300;

//添加鼠标事件
bg.interactive = true;
bg.on("mousemove", movePlane);
function movePlane(event) {
    var pos = event.data.getLocalPosition(app.stage);
    plane.x = pos.x;
    plane.y = pos.y;
}

//帧频函数
app.ticker.add(animate);
function animate() {
    moveBullet();
    moveBg();
```

```
}

//子弹动画
function moveBullet() {
    bullet.y -= 10;
    if(bullet.y < -100) {
        bullet.x = plane.x;
        bullet.y = plane.y;
    }
}

//背景动画
function moveBg() {
    bg.y += 1;
    if(bg.y > 0) {
        bg.y = -768;
    }
}
```

上述代码的运行效果，如图4-4所示。

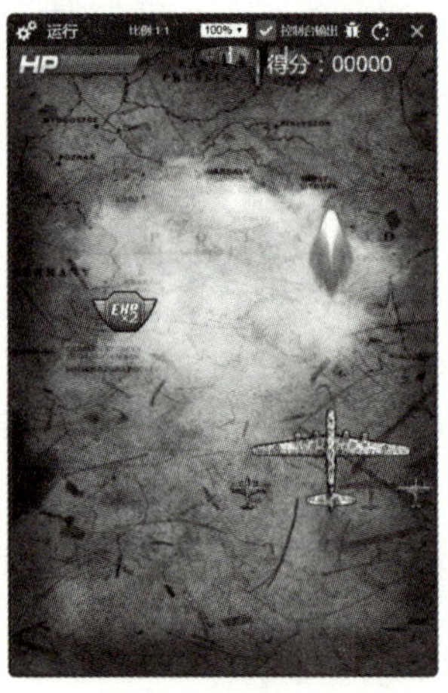

图4-4　背景动画

步骤3：制作云彩动画

```
var app = new PIXI.Application(512, 768);
document.body.appendChild(app.view);

//背景
var bg = new PIXI.Sprite.fromImage("res/plane/bg/img_bg_level_3.jpg");
app.stage.addChild(bg);

//云彩
```

```
var yun = new PIXI.Sprite.fromImage("res/texiao/yun02.png");
app.stage.addChild(yun);
yun.x = 20;
yun.y = 130;

//长机
var plane = new PIXI.Sprite.fromImage("res/plane/plane_blue_01.png");
app.stage.addChild(plane);
plane.x = 200;
plane.y = 550;
plane.anchor.x = 0.5;
plane.anchor.y = 0.5;

//左僚机
var planeLeft = new PIXI.Sprite.fromImage("res/plane/liaoji_02_11.png");
plane.addChild(planeLeft);
planeLeft.anchor.x = 0.5;
planeLeft.anchor.y = 0.5;
planeLeft.x = -80;
planeLeft.y = 50;

//右僚机
var planeRight = new PIXI.Sprite.fromImage("res/plane/liaoji_02_11.png");
plane.addChild(planeRight);
planeRight.anchor.x = 0.5;
planeRight.anchor.y = 0.5;
planeRight.x = 80;
planeRight.y = 50;

//子弹
var bullet = new PIXI.Sprite.fromImage("res/plane/bullet_02.png");
app.stage.addChild(bullet);
bullet.anchor.x = 0.5;
bullet.anchor.y = 0.5;
bullet.x = plane.x;
bullet.y = plane.y - 100;

//敌机
var enemy = new PIXI.Sprite.fromImage("res/plane/enemy_04.png");
app.stage.addChild(enemy);
enemy.anchor.x = 0.5;
enemy.anchor.y = 0.5;
enemy.x = 300;

//得分文本
```

```
var defen = new PIXI.Text("得分：00000");
defen.style.fill = "0xffffff";
app.stage.addChild(defen);
defen.x = 310;
defen.y = 10;

//血槽
var hpBg = new PIXI.Sprite.fromImage("res/plane/ui/2_03.png");
app.stage.addChild(hpBg);
hpBg.y = 14;

//血条
var hpTiao = new PIXI.Sprite.fromImage("res/plane/ui/3_03.png");
app.stage.addChild(hpTiao);
hpTiao.x = 33;
hpTiao.y = 14;

//血条左侧HP图片
var hpPic = new PIXI.Sprite.fromImage("res/plane/ui/img_ui_16.png");
app.stage.addChild(hpPic);
hpPic.x = 10;
hpPic.y = 12;

//道具
var item = new PIXI.Sprite.fromImage("res/plane/item/img_plane_item_15.png");
app.stage.addChild(item);
item.x = 100;
item.y = 300;

//添加鼠标事件
bg.interactive = true;
bg.on("mousemove", movePlane);
function movePlane(event) {
    var pos = event.data.getLocalPosition(app.stage);
    plane.x = pos.x;
    plane.y = pos.y;
}

//帧频函数
app.ticker.add(animate);
function animate() {
     moveBullet();
     moveBg();
```

```
        moveYun();
    }

    //子弹动画
    function moveBullet() {
        bullet.y -= 10;
        if(bullet.y < -100) {
            bullet.x = plane.x;
            bullet.y = plane.y;
        }
    }

    //背景动画
    function moveBg() {
        bg.y += 1;
        if(bg.y > 0) {
            bg.y = -768;
        }
    }

    //云彩动画
    function moveYun() {
        yun.y += 1.5;
        if(yun.y > 800) {
            yun.y = - 400;
        }
    }
```

上述代码的运行效果，如图4-5所示。

图4-5　云彩动画

步骤4：制作敌机动画

```
var app = new PIXI.Application(512, 768);
document.body.appendChild(app.view);

//背景
var bg = new PIXI.Sprite.fromImage("res/plane/bg/img_bg_level_3.jpg");
app.stage.addChild(bg);

//云彩
var yun = new PIXI.Sprite.fromImage("res/texiao/yun02.png");
app.stage.addChild(yun);
yun.x = 20;
yun.y = 130;

//长机
var plane = new PIXI.Sprite.fromImage("res/plane/plane_blue_01.png");
app.stage.addChild(plane);
plane.x = 200;
plane.y = 550;
plane.anchor.x = 0.5;
plane.anchor.y = 0.5;

//左僚机
var planeLeft = new PIXI.Sprite.fromImage("res/plane/liaoji_02_11.png");
plane.addChild(planeLeft);
planeLeft.anchor.x = 0.5;
planeLeft.anchor.y = 0.5;
planeLeft.x = -80;
planeLeft.y = 50;

//右僚机
var planeRight = new PIXI.Sprite.fromImage("res/plane/liaoji_02_11.png");
plane.addChild(planeRight);
planeRight.anchor.x = 0.5;
planeRight.anchor.y = 0.5;
planeRight.x = 80;
planeRight.y = 50;

//子弹
var bullet = new PIXI.Sprite.fromImage("res/plane/bullet_02.png");
app.stage.addChild(bullet);
bullet.anchor.x = 0.5;
bullet.anchor.y = 0.5;
bullet.x = plane.x;
```

```
bullet.y = plane.y - 100;

//敌机
var enemy = new PIXI.Sprite.fromImage("res/plane/enemy_04.png");
app.stage.addChild(enemy);
enemy.anchor.x = 0.5;
enemy.anchor.y = 0.5;
enemy.x = 300;

//得分文本
var defen = new PIXI.Text("得分: 00000");
defen.style.fill = "0xffffff";
app.stage.addChild(defen);
defen.x = 310;
defen.y = 10;

//血槽
var hpBg = new PIXI.Sprite.fromImage("res/plane/ui/2_03.png");
app.stage.addChild(hpBg);
hpBg.y = 14;

//血条
var hpTiao = new PIXI.Sprite.fromImage("res/plane/ui/3_03.png");
app.stage.addChild(hpTiao);
hpTiao.x = 33;
hpTiao.y = 14;

//血条左侧HP图片
var hpPic = new PIXI.Sprite.fromImage("res/plane/ui/img_ui_16.png");
app.stage.addChild(hpPic);
hpPic.x = 10;
hpPic.y = 12;

//道具
var item = new PIXI.Sprite.fromImage("res/plane/item/img_plane_item_15.png");
app.stage.addChild(item);
item.x = 100;
item.y = 300;

//添加鼠标事件
bg.interactive = true;
bg.on("mousemove", movePlane);
function movePlane(event) {
    var pos = event.data.getLocalPosition(app.stage);
    plane.x = pos.x;
```

```
        plane.y = pos.y;
    }

    //帧频函数
    app.ticker.add(animate);
    function animate() {
        moveBullet();
        moveBg();
        moveYun();
        moveEnemy();
    }

    //子弹动画
    function moveBullet() {
        bullet.y -= 10;
        if(bullet.y < -100) {
            bullet.x = plane.x;
            bullet.y = plane.y;
        }
    }

    //背景动画
    function moveBg() {
        bg.y += 1;
        if(bg.y > 0) {
            bg.y = -768;
        }
    }

    //云彩动画
    function moveYun() {
        yun.y += 1.5;
        if(yun.y > 800) {
            yun.y = - 400;
        }
    }

    //敌机动画
    function moveEnemy() {
        enemy.y += 3;
        if(enemy.y > 800) {
            enemy.y = -100;
        }
    }
```

上述代码的运行效果，如图4-6所示。

图4-6　敌机动画

步骤5：制作道具动画

```
var app = new PIXI.Application(512, 768);
document.body.appendChild(app.view);

//背景
var bg = new PIXI.Sprite.fromImage("res/plane/bg/img_bg_level_3.jpg");
app.stage.addChild(bg);

//云彩
var yun = new PIXI.Sprite.fromImage("res/texiao/yun02.png");
app.stage.addChild(yun);
yun.x = 20;
yun.y = 130;

//长机
var plane = new PIXI.Sprite.fromImage("res/plane/plane_blue_01.png");
app.stage.addChild(plane);
plane.x = 200;
plane.y = 550;
plane.anchor.x = 0.5;
plane.anchor.y = 0.5;

//左僚机
var planeLeft = new PIXI.Sprite.fromImage("res/plane/liaoji_02_11.png");
plane.addChild(planeLeft);
planeLeft.anchor.x = 0.5;
planeLeft.anchor.y = 0.5;
planeLeft.x = -80;
planeLeft.y = 50;

//右僚机
```

```
var planeRight = new PIXI.Sprite.fromImage("res/plane/liaoji_02_11.png");
plane.addChild(planeRight);
planeRight.anchor.x = 0.5;
planeRight.anchor.y = 0.5;
planeRight.x = 80;
planeRight.y = 50;

//子弹
var bullet = new PIXI.Sprite.fromImage("res/plane/bullet_02.png");
app.stage.addChild(bullet);
bullet.anchor.x = 0.5;
bullet.anchor.y = 0.5;
bullet.x = plane.x;
bullet.y = plane.y - 100;

//敌机
var enemy = new PIXI.Sprite.fromImage("res/plane/enemy_04.png");
app.stage.addChild(enemy);
enemy.anchor.x = 0.5;
enemy.anchor.y = 0.5;
enemy.x = 300;

//得分文本
var defen = new PIXI.Text("得分：00000");
defen.style.fill = "0xffffff";
app.stage.addChild(defen);
defen.x = 310;
defen.y = 10;

//血槽
var hpBg = new PIXI.Sprite.fromImage("res/plane/ui/2_03.png");
app.stage.addChild(hpBg);
hpBg.y = 14;

//血条
var hpTiao = new PIXI.Sprite.fromImage("res/plane/ui/3_03.png");
app.stage.addChild(hpTiao);
hpTiao.x = 33;
hpTiao.y = 14;

//血条左侧HP图片
var hpPic = new PIXI.Sprite.fromImage("res/plane/ui/img_ui_16.png");
app.stage.addChild(hpPic);
hpPic.x = 10;
hpPic.y = 12;
```

```
//道具
var item = new PIXI.Sprite.fromImage("res/plane/item/img_plane_item_15.png");
app.stage.addChild(item);
item.x = 100;
item.y = 300;

//添加鼠标事件
bg.interactive = true;
bg.on("mousemove", movePlane);
function movePlane(event) {
    var pos = event.data.getLocalPosition(app.stage);
    plane.x = pos.x;
    plane.y = pos.y;
}

//帧频函数
app.ticker.add(animate);
function animate() {
     moveBullet();
     moveBg();
     moveYun();
     moveEnemy();
     moveItem();
}

//子弹动画
function moveBullet() {
    bullet.y -= 10;
    if(bullet.y < -100) {
        bullet.x = plane.x;
        bullet.y = plane.y;
    }
}

//背景动画
function moveBg() {
    bg.y += 1;
    if(bg.y > 0) {
        bg.y = -768;
    }
}
```

```
//云彩动画
function moveYun() {
    yun.y += 1.5;
    if(yun.y > 800) {
        yun.y = - 400;
    }
}

//敌机动画
function moveEnemy() {
    enemy.y += 3;
    if(enemy.y > 800)  {
        enemy.y = -100;
    }
}

//道具动画
function moveItem() {
    item.x += 0.5;
    item.y += 2;
    if(item.y > 800)  {
        item.y = - 200;
    }
    if(item.x > 560)  {
        item.x = -50;
    }
}
```

上述代码的运行效果，如图4-7所示。

图4-7　道具动画

测试评价

评价标准：

采分点	教师评分（0～3分）	自评（0～3分）	互评（0～3分）
1. 掌握函数的定义与调用，并能够通过函数制作多元素动画 2. 能够正确使用函数的参数及返回值 3. 能够使用匿名函数给显示元素添加事件			

拓展练习

运用学习到的知识完成以下拓展任务。

拓展任务1：三架飞机移动

运行效果，如图4-8所示。

要求：

1）创建一个名为app的应用，宽：500像素，高：500像素。

2）参照上面示例的显示效果，添加相应的显示元素。

3）控制三架飞机以不同的速度移动。

拓展任务2：单击接鸡蛋

运行效果，如图4-9所示。

要求：

1）创建一个名为app的应用，宽：500像素，高：500像素。

2）参照上面示例的显示效果，添加相应的显示元素。

3）让3个小球以不同的速度向下移动。

4）分别对3个小球添加鼠标单击事件，当单击小球时，设置小球的y坐标为0。

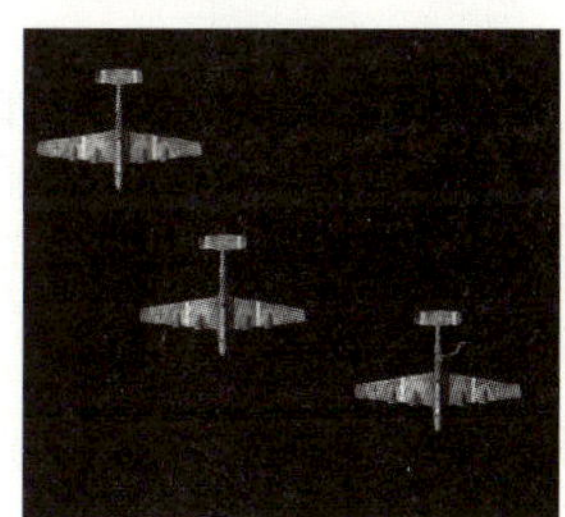

图4-8　三架飞机移动

图4-9　单击接鸡蛋

拓展任务3：飞机大战——关卡提示信息

运行效果，如图4-10所示。

图4-10 飞机大战——关卡提示信息

要求:

1）创建一个名为app的应用，宽：500像素，高：600像素。

2）参照上面示例的显示效果，添加相应的显示元素。

3）控制背景图片，实现背景图片由上向下移动。

4）控制子弹图片，实现飞机发射子弹的效果。

5）控制文字信息，通过改变透明度，使文字信息在显示与隐藏之间来回切换。

拓展任务4：小球动画

运行效果，如图4-11所示。

图4-11 小球动画

要求:

1）创建一个名为app的应用，宽：400像素，高：400像素。

2）参照上面示例的显示效果，添加相应的显示元素。

3）左上角的小球，实现旋转的动画效果。

4）右上角的小球，实现显示与隐藏效果切换的动画效果（利用改变图片透明度来实现）。

5）左下角的小球，实现大小变化的动画效果（利用改变图片缩放比例来实现）。

6）右下角的小球，实现翻转的效果。

模块5 控制游戏动画

学习目标

通过对本模块的学习，需要达到以下目标：

1）掌握游戏暂停与继续功能的实现方式。

2）能够通过JavaScript语言中的变量，制作计数累加功能。

3）能够通过JavaScript语言中的变量，控制显示元素的移动速度以及显示元素是否移动。

4）理解JavaScript语言中基本数据类型以及数据类型的转换。

学习情景

在本模块中，将要完成“游戏暂停”和“继续游戏”功能。要想实现这一功能，首先需要向应用程序添加“游戏暂停”和“继续游戏”两张按钮图片，当单击这两张按钮图片时，实现游戏的暂停与继续功能，如图5-1所示。

图5-1 游戏显示效果

模块分析

在制作游戏过程中，可以通过变量对游戏进行控制，例如，本模块通过变量控制游戏的暂停与继续。

数据类型是指变量中存储的值的类型。常用基本数据类型包括：数字类型、字符串类型、布尔类型等。不同的数据类型之间也可以实现相互转换。

实施步骤

步骤1：添加“暂停”“继续”按钮

【知识链接】基本数据类型

数据类型是指变量中存储的值的类型。常用基本数据类型包括：数字类型(Number)、字符串类型(String)、布尔类型(Boolean)。例如，分别定义不同类型的变量。

示例：

```
//字符串类型
var userName = "小明";
console.log(userName);

//数字类型
var age = 15;
console.log(age);

//布尔类型
var isStudent = true;
console.log(isStudent);
```

代码讲解：

1 字符串类型：

```
var userName = "小明";
```

定义名称为userName的变量，存储一个字符串类型的值。

注意：字符串类型的值，必须用双引号（""）或单引号（''）来声明。

2 数字类型：

```
var age = 15;
```

定义名称为age的变量，存储一个数字类型的值。

注意：数字类型不仅包括整数，同时也包括小数，例如，3.14。

3 布尔类型：

```
var isStudent = true;
```

定义名称为isStudent的变量，存储一个布尔类型的值。

注意：布尔类型的值只有两个，分别为：true（真）、false（假）。

通过typeof()函数可以查看变量或值的数据类型。

语法格式：

```
var t = typeof(变量或值);
```

返回变量或值的数据类型。

例如，通过typeof()函数查看不同变量的数据类型。

示例：

```
//数字类型
var age = 10;
```

```
console.log(typeof(age));

//字符串类型
var city = "北京";
console.log(typeof(city));

//布尔类型
var isStudent = true;
console.log(typeof(isStudent));
```

代码讲解:

❶ 查看age变量的数据类型:

```
console.log(typeof(age));
```

显示结果为: number（数字类型）。

❷ 查看city变量的数据类型:

```
console.log(typeof(city));
```

显示结果为: string（字符串类型）。

❸ 查看isStudent变量的数据类型:

```
console.log(typeof(isStudent));
```

显示结果为: boolean（布尔类型）。

【知识链接】数据类型转换

数据类型转换是指将变量的数据类型转换为其他数据类型。数据类型转换可以通过以下函数实现，详情见表5-1。

表5-1　数据类型转换函数

函　数	作　用
变量.toString()	将变量的数据类型转换为字符串类型
String(变量)	将变量的数据类型转换为字符串类型
Number(变量)	将变量的数据类型转换为数字类型
parseInt(变量)	将变量的数据类型转换为数字类型（整数）
parseFloat(变量)	将变量的数据类型转换为数字类型（小数）
Boolean(变量)	将变量的数据类型转换为布尔类型

例如，分别通过String()、Number()、Boolean()对变量的数据类型进行转换。

示例:

```
var a = 10;
a = String(a);
console.log(typeof(a));

var b = "100";
b = Number(b);
```

```
console.log(typeof(b));

var c = 30;
c = Boolean(c);
console.log(typeof(c));
```

代码讲解:

1 数字类型转字符串类型:

```
var a = 10;
a = String(a);
console.log(typeof(a));
```

转换a变量的数据类型。

String(a): 将a变量的数据类型转换为字符串类型。

console.log(typeof(a)): 显示结果为string字符串类型。

2 字符串类型转数字类型:

```
var b = "100";
b = Number(b);
console.log(typeof(b));
```

转换b变量的数据类型。

Number(b): 将b变量的数据类型转换为数字类型。

console.log(typeof(b)): 显示结果为number数字类型。

3 数字类型转布尔类型:

```
var c = 30;
c = Boolean(c);
console.log(typeof(c));
```

转换c变量的数据类型。

Boolean(c): 将c变量的数据类型转换为布尔类型。

console.log(typeof(c)): 显示结果为boolean布尔类型。

注意: Boolean()函数会将非零的数字值转换为true，将数字零转换为false。

【知识链接】数据类型的自动转换

任何数据类型的变量与字符串类型的变量做连接运算时，都将自动转换为字符串类型的变量。例如，a、b两个变量都将自动转换为字符串类型的变量。

示例:

```
var a = 100 + "北京";
console.log(a);
console.log(typeof(a));

var b = true + "北京";
console.log(b);
console.log(typeof(b));
```

代码讲解：

① 数字类型自动转换为字符串类型：

```
var a = 100 + "北京";
console.log(a);
console.log(typeof(a));
```

数字类型与字符串类型做连接运算，数字类型将自动转换为字符串类型。

console.log(a)：显示结果为“100北京”。

console.log(typeof(a))：显示结果为string字符串类型。

② 布尔类型自动转换为字符串类型：

```
var b = true + "北京";
console.log(b);
console.log(typeof(b));
```

布尔类型与字符串类型做连接运算，布尔类型将自动转换为字符串类型。

console.log(b)：显示结果为“true北京”。

console.log(typeof(b))：显示结果为string字符串类型。

【知识链接】对象类型

制作游戏时，经常通过new来创建一些显示元素，例如，创建应用、创建图片和创建文本等。代码如下：

```
//创建应用
var app = new PIXI.Application(400,400);

//创建图片
var plane = new PIXI.Sprite.fromImage("res/plane_blue_01.png");

//创建文本
var score = new PIXI.Text("得分：00000");
```

在计算机程序中，把这些通过new创建的值称为对象。而存储这些对象的变量，例如，app、plane、score，它们的数据类型就是对象类型。

对象类型的变量都包含两部分内容：属性、方法。属性就是对象中的值，方法就是对象中的函数。例如，Sprite对象常用的属性和方法，详情见表5-2。

表5-2 Sprite对象

	名称	作用
属性	x	设置元素的x坐标位置
	y	设置元素的y坐标位置
	width	设置元素的宽度
	height	设置元素的高度
	rotation	设置元素旋转的弧度
	scale	设置元素的缩放比例
	visible	设置元素是否可见
	interactive	是否开启事件交互功能

（续）

	名　　称	作　　用
方法	addChild()	向当前容器中添加一个显示元素
	getChildAt()	获得该容器中指定的显示元素
	removeChild()	从当前容器中移除指定的显示元素
	on()	添加事件监听
	destroy()	从DOM中移除所有显示元素

注：Sprite对象除了表5-2中列举的属性和方法外还有很多，在此就不再一一列举了。

对象中的属性和方法通常都是通过对象来调用的。

语法格式：

```
调用属性：
对象.属性名;


调用方法：
对象.方法名();
```

例如，创建一个Sprite对象并存储到了plane变量中，然后通过plane变量调用对象中的属性和方法。

示例：

```
var app = new PIXI.Application(500, 600);
document.body.appendChild(app.view);

var plane = new PIXI.Sprite.fromImage("res/enemy_03.png");
app.stage.addChild(plane);

plane.interactive = true;
plane.on("click", movePlane);
function movePlane() {
    plane.y += 50;
}
```

代码讲解：

① 创建飞机图片plane：

```
var plane = new PIXI.Sprite.fromImage("res/enemy_03.png");
```

通过new PIXI.Sprite.fromImage(...)创建Sprite对象，并存储到plane变量中。通过plane变量，可以访问Sprite对象中的所有属性和方法。

② 调用interactive属性：

```
plane.interactive = true;
```

通过plane变量调用Sprite对象中的interactive属性。

③ 调用on方法：

```
plane.on("click", movePlane);
```

通过plane变量调用Sprite对象中的on()方法。

上面的示例在调用属性和方法时都是通过“.”来调用的，但是有些特殊情况需要多个“.”来调用。例如，在设置文本的字体大小时用到了多个“.”。

示例：

```
var app = new PIXI.Application(500,600);
document.body.appendChild(app.view);

var txt = new PIXI.Text("得分: 10000",{fill:0xffffff});
txt.x = 150;
txt.y = 200;
txt.style.fontSize = 30;
app.stage.addChild(txt);
```

代码讲解：

1 创建文本txt：

```
var txt = new PIXI.Text("得分: 10000",{fill:0xffffff});
```

通过new PIXI.Text(...)创建Text对象，并存储到txt变量中。

通过txt变量，可以访问Text对象中的所有属性和方法。

2 通过style属性设置字体大小：

```
txt.style.fontSize = 30;
```

txt.style属性本身也是一个对象，如图5-2所示。

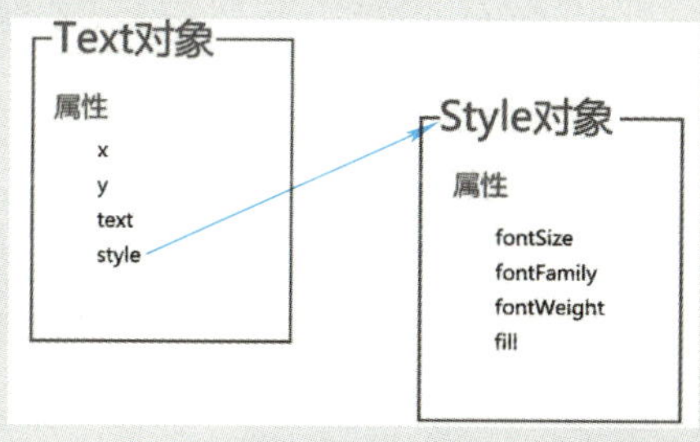

图5-2　style属性

所以，必须通过txt.style.fontSize才能找到style对象中的fontSize属性。

例如，在本模块中单击“暂停”“继续”按钮时，切换按钮的显示状态，代码如下。

```
var app = new PIXI.Application(512,768);
document.body.appendChild(app.view);

//背景
var bg = new PIXI.Sprite.fromImage("res/plane/bg/img_bg_level_3.jpg");
app.stage.addChild(bg);

//云彩
var yun = new PIXI.Sprite.fromImage("res/texiao/yun02.png");
app.stage.addChild(yun);
yun.x = 20;
```

```
yun.y = 130;

//长机
var plane = new PIXI.Sprite.fromImage("res/plane/plane_blue_01.png");
app.stage.addChild(plane);
plane.x = 250;
plane.y = 550;
plane.anchor.x = 0.5;
plane.anchor.y = 0.5;

//左僚机
var planeLeft = new PIXI.Sprite.fromImage("res/plane/liaoji_02_11.png");
plane.addChild(planeLeft);
planeLeft.anchor.x = 0.5;
planeLeft.anchor.y = 0.5;
planeLeft.x = -80;
planeLeft.y = 50;

//右僚机
var planeRight = new PIXI.Sprite.fromImage("res/plane/liaoji_02_11.png");
plane.addChild(planeRight);
planeRight.anchor.x = 0.5;
planeRight.anchor.y = 0.5;
planeRight.x = 80;
planeRight.y = 50;

//子弹
var bullet = new PIXI.Sprite.fromImage("res/plane/bullet_02.png");
app.stage.addChild(bullet);
bullet.anchor.x = 0.5;
bullet.anchor.y = 0.5;
bullet.x = plane.x;
bullet.y = plane.y - 100;

//敌机
var enemy = new PIXI.Sprite.fromImage("res/plane/enemy_04.png");
app.stage.addChild(enemy);
enemy.anchor.x = 0.5;
enemy.anchor.y = 0.5;
enemy.x = 300;

//得分文本
var defen = new PIXI.Text("得分: 00000");
defen.style.fill = "0xffffff";
app.stage.addChild(defen);
```

```
defen.x = 310;
defen.y = 10;

//血槽
var hpBg = new PIXI.Sprite.fromImage("res/plane/ui/2_03.png");
app.stage.addChild(hpBg);
hpBg.y = 14;

//血条
var hpTiao = new PIXI.Sprite.fromImage("res/plane/ui/3_03.png");
app.stage.addChild(hpTiao);
hpTiao.x = 33;
hpTiao.y = 14;

//血条左侧HP图片
var hpPic = new PIXI.Sprite.fromImage("res/plane/ui/img_ui_16.png");
app.stage.addChild(hpPic);
hpPic.x = 10;
hpPic.y = 12;

//道具
var item = new PIXI.Sprite.fromImage("res/plane/item/img_plane_item_15.png");
app.stage.addChild(item);
item.x = 100;
item.y = 300;

//暂停
var pauseBtn =
            new PIXI.Sprite.fromImage("res/plane/ui/ui_new_btn_png_03.png");
app.stage.addChild(pauseBtn);
pauseBtn.x = 460;
pauseBtn.y = 10;
pauseBtn.visible = false;

//继续游戏
var resumeBtn = new PIXI.Sprite.fromImage("res/plane/ui/start.png");
app.stage.addChild(resumeBtn);
resumeBtn.y = 30;

// "暂停"按钮鼠标单击事件
pauseBtn.interactive = true;
pauseBtn.on("click", pause);
function pause() {
    resumeBtn.visible = true;
    pauseBtn.visible = false;
```

```
}

//“继续”按钮鼠标单击事件
resumeBtn.interactive = true;
resumeBtn.on("click", resume);
function resume() {
    resumeBtn.visible = false;
    pauseBtn.visible = true;
}

//添加鼠标事件
bg.interactive = true;
bg.on("mousemove", movePlane);
function movePlane(event) {
    var pos = event.data.getLocalPosition(app.stage);
    plane.x = pos.x;
    plane.y = pos.y;
}

//帧频函数
app.ticker.add(animate);
function animate() {
    moveBullet();
    moveBg();
    moveYun();
    moveEnemy();
    moveItem();
}

//子弹动画
function moveBullet(){
    bullet.y -= 10;
    if(bullet.y < -100) {
        bullet.x = plane.x;
        bullet.y = plane.y;
    }
}

//背景动画
function moveBg(){
    bg.y += 1;
    if(bg.y > 0) {
        bg.y = -768;
    }
```

```
    }

    //云彩动画
    function moveYun() {
        yun.y += 1.5;
        if(yun.y > 800) {
            yun.y = - 400;
        }
    }

    //敌机动画
    function moveEnemy() {
        enemy.y += 3;
        if(enemy.y > 800) {
            enemy.y = -100;
        }
    }

    //道具动画
    function moveItem() {
        item.x += 0.5;
        item.y += 2;
        if(item.y > 800) {
            item.y = - 200;
        }
        if(item.x > 560) {
            item.x = -50;
        }
    }
```

上述代码的运行效果，如图5-3所示。

图5-3　添加“暂停”“继续”按钮

步骤2：游戏暂停与继续

【知识链接】制作计数累加功能

计数累加是通过变量实现的计数功能。例如，当单击背景时，通过计数累加功能，记录单击背景图片的次数。

示例：

```
var app = new PIXI.Application(400, 400);
document.body.appendChild(app.view);

var bg = new PIXI.Sprite.fromImage("res/plane/bg/img_bg_level_3.jpg");
app.stage.addChild(bg);

var txt = new PIXI.Text("0");
app.stage.addChild(txt);

var a = 0;

bg.interactive = true;
bg.on("click", addNumber);
function addNumber() {
    a += 1;
    txt.text = a;
}
```

代码讲解：

① 定义计数变量：

```
var a = 0;
```

定义计数变量a，用于实现计数累加功能，初始值为0。

② 计数累加：

```
bg.interactive = true;
bg.on("click", addNumber);
function addNumber() {
    a += 1;
    txt.text = a;
}
```

单击背景图片时，变量a的值加1，同时将变量a的值显示在txt文本中。

a += 1：将变量a的值加1，用于记录单击背景图片的次数。

txt.text = a：将变量a的值显示在txt文本中。

【知识链接】控制飞机的移动速度

制作飞机移动动画时，可以通过变量控制飞机每次移动的距离。变量值越大飞机的移动速度就会越快，变量值越小飞机的移动速度就会越慢。例如，通过speed变量控制飞机移动速度。

示例:

```
var app = new PIXI.Application(400,400);
document.body.appendChild(app.view);

//背景图片
var bg = new PIXI.Sprite.fromImage("res/plane/bg/img_bg_level_3.jpg");
app.stage.addChild(bg);

//飞机图片
var plane = new PIXI.Sprite.fromImage("res/enemy_03.png");
app.stage.addChild(plane);

//速度变量
var speed = 0;

//帧频函数
app.ticker.add(animate);
function animate() {
    plane.y += speed;
}

//鼠标事件
bg.interactive = true;
bg.on("click", changeSpeed);
function changeSpeed() {
    speed += 1;
}
```

代码讲解:

1 定义速度变量:

```
var speed = 0;
```

定义speed速度变量，用于控制飞机的移动速度。

2 单击背景图片:

```
bg.interactive = true;
bg.on("click", changeSpeed);
function changeSpeed() {
    speed += 1;
}
```

单击背景图片bg，将速度变量speed值加1，增加飞机的移动速度。

3 帧频函数:

```
app.ticker.add(animate);
function animate() {
    plane.y += speed;
```

```
}
```
通过帧频函数控制飞机图片plane的y坐标，每次递增speed变量值。

【知识链接】控制飞机是否移动

制作动画时，可以通过变量控制动画是否执行，从而实现游戏暂停与继续的功能。例如，通过isMove变量控制飞机是否移动。

示例：

```
var app = new PIXI.Application(500, 500);
document.body.appendChild(app.view);

//背景图片
var bg = new PIXI.Sprite.fromImage("res/bg_02.png");
app.stage.addChild(bg);

//飞机图片
var plane = new PIXI.Sprite.fromImage("res/enemy_02.png");
app.stage.addChild(plane);

//控制飞机是否移动
var isMove = 0;

//帧频函数
app.ticker.add(animate);
function animate() {
    if(isMove == 1) {
        plane.y += 3;
    }
}

//鼠标事件
bg.interactive = true;
bg.on("click", changeState);
function changeState() {
    if(isMove == 0) {
        isMove = 1;
    }
    else{
        isMove = 0;
    }
}
```

代码讲解：

① 定义isMove变量：

```
var isMove = 0;
```

定义isMove变量，控制飞机图片plane是否移动。

如果isMove=1飞机图片plane开始移动，否则飞机图片plane停止。

2 添加帧频函数：

```
app.ticker.add(animate);
function animate() {
    if(isMove == 1) {
        plane.y += 3;
    }
}
```

通过isMove变量控制飞机图片plane是否移动，如果isMove=1则飞机图片plane开始向下移动。

3 单击背景图片：

```
bg.interactive = true;
bg.on("click", changeState);
function changeState() {
    if(isMove == 0) {
        isMove = 1;
    }
    else{
        isMove = 0;
    }
}
```

单击背景图片bg时，改变isMove变量值，如果isMove=0则将isMove设置为1，否则将isMove设置为0。

例如，在本模块中，通过变量控制游戏暂停与继续，代码如下。

```
var app = new PIXI.Application(512,768);
document.body.appendChild(app.view);

//游戏是否暂停
var isStop = true;

//背景
var bg = new PIXI.Sprite.fromImage("res/plane/bg/img_bg_level_3.jpg");
app.stage.addChild(bg);

//云彩
var yun = new PIXI.Sprite.fromImage("res/texiao/yun02.png");
app.stage.addChild(yun);
yun.x = 20;
yun.y = 130;

//长机
```

```
var plane = new PIXI.Sprite.fromImage("res/plane/plane_blue_01.png");
app.stage.addChild(plane);
plane.x = 250;
plane.y = 550;
plane.anchor.x = 0.5;
plane.anchor.y = 0.5;

//左僚机
var planeLeft = new PIXI.Sprite.fromImage("res/plane/liaoji_02_11.png");
plane.addChild(planeLeft);
planeLeft.anchor.x = 0.5;
planeLeft.anchor.y = 0.5;
planeLeft.x = -80;
planeLeft.y = 50;

//右僚机
var planeRight = new PIXI.Sprite.fromImage("res/plane/liaoji_02_11.png");
plane.addChild(planeRight);
planeRight.anchor.x = 0.5;
planeRight.anchor.y = 0.5;
planeRight.x = 80;
planeRight.y = 50;

//子弹
var bullet = new PIXI.Sprite.fromImage("res/plane/bullet_02.png");
app.stage.addChild(bullet);
bullet.anchor.x = 0.5;
bullet.anchor.y = 0.5;
bullet.x = plane.x;
bullet.y = plane.y - 100;

//敌机
var enemy = new PIXI.Sprite.fromImage("res/plane/enemy_04.png");
app.stage.addChild(enemy);
enemy.anchor.x = 0.5;
enemy.anchor.y = 0.5;
enemy.x = 300;

//得分文本
var defen = new PIXI.Text("得分: 00000");
defen.style.fill = "0xffffff";
app.stage.addChild(defen);
defen.x = 310;
```

```
defen.y = 10;

//血槽
var hpBg = new PIXI.Sprite.fromImage("res/plane/ui/2_03.png");
app.stage.addChild(hpBg);
hpBg.y = 14;

//血条
var hpTiao = new PIXI.Sprite.fromImage("res/plane/ui/3_03.png");
app.stage.addChild(hpTiao);
hpTiao.x = 33;
hpTiao.y = 14;

//血条左侧HP图片
var hpPic = new PIXI.Sprite.fromImage("res/plane/ui/img_ui_16.png");
app.stage.addChild(hpPic);
hpPic.x = 10;
hpPic.y = 12;

//道具
var item = new PIXI.Sprite.fromImage("res/plane/item/img_plane_item_15.
png");
app.stage.addChild(item);
item.x = 100;
item.y = 300;

//暂停
var pauseBtn =
new PIXI.Sprite.fromImage("res/plane/ui/ui_new_btn_png_03.png");
app.stage.addChild(pauseBtn);
pauseBtn.x = 460;
pauseBtn.y = 10;
pauseBtn.visible = false;

//继续游戏
var resumeBtn = new PIXI.Sprite.fromImage("res/plane/ui/start.png");
app.stage.addChild(resumeBtn);
resumeBtn.y = 30;

// "暂停"按钮鼠标单击事件
pauseBtn.interactive = true;
pauseBtn.on("click", pause);
function pause() {
```

```
        isStop = true;//单击“暂停”按钮，将isStop设置为true
        resumeBtn.visible = true;
        pauseBtn.visible = false;
    }

    //“继续”按钮鼠标单击事件
    resumeBtn.interactive = true;
    resumeBtn.on("click", resume);
    function resume() {
        isStop = false;//单击“继续”按钮，将isStop设置为false
        resumeBtn.visible = false;
        pauseBtn.visible = true;
    }

    //添加鼠标事件
    bg.interactive = true;
    bg.on("mousemove", movePlane);
    function movePlane(event) {
        //如果游戏已经暂停，将不执行鼠标事件
        if(isStop) {
            return;
        }
        var pos = event.data.getLocalPosition(app.stage);
        plane.x = pos.x;
        plane.y = pos.y;
    }

    //帧频函数
    app.ticker.add(animate);
    function animate() {
    //如果游戏已经暂停，将不执行动画
        if(isStop) {
            return;
        }
        moveBullet();
        moveBg();
        moveYun();
        moveEnemy();
        moveItem();
    }

    //子弹动画
    function moveBullet() {
```

```
        bullet.y -= 10;
        if(bullet.y < -100) {
            bullet.x = plane.x;
            bullet.y = plane.y;
        }
    }

    //背景动画
    function moveBg() {
        bg.y += 1;
        if(bg.y > 0) {
            bg.y = -768;
        }
    }

    //云彩动画
    function moveYun() {
        yun.y += 1.5;
        if(yun.y > 800) {
            yun.y = - 400;
        }
    }

    //敌机动画
    function moveEnemy() {
        enemy.y += 3;
        if(enemy.y > 800) {
            enemy.y = -100;
        }
    }

    //道具动画
    function moveItem() {
        item.x += 0.5;
        item.y += 2;
        if(item.y > 800) {
            item.y = - 200;
        }
        if(item.x > 560) {
            item.x = -50;
        }
    }
```

上述代码的运行效果，如图5-4所示。

图5-4 游戏暂停与继续

测试评价

评价标准：

采分点	教师评分 （0~3分）	自评 （0~3分）	互评 （0~3分）
1. 掌握变量的使用特点，能够实现计数累加功能 2. 能够通过变量实现游戏暂停与继续功能 3. 掌握对象的特点，能够正确调用对象的属性及方法			

拓展练习

运用学习到的知识完成以下拓展任务。

拓展任务1：屏幕保护

运行效果，如图5-5所示。

要求：

1）创建一个名为app的应用，宽：500像素，高：350像素。

2）参照上面示例的显示效果，添加相应的显示元素。

3）控制小球移动，并且不会移动出屏幕。

拓展任务2：类保卫萝卜

运行效果，如图5-6所示。

要求：

1）创建一个名为app的应用，宽：890像素，高：500像素。

2）参照上面示例的显示效果，添加相应的显示元素。

3）利用帧频函数，控制怪物按背景图片中的轨道移动，当怪物移动到终点时，再重新回到起始位置移动。

图5-5　屏幕保护

图5-6　类保卫萝卜

拓展任务3：找头像——屏幕抖动

运行效果，如图5-7所示。

图5-7　找头像——屏幕抖动

要求：

1）创建一个名为app的应用，宽：500像素，高：800像素。

2）参照上面示例的显示效果，添加相应的显示元素。

3）单击头像屏幕抖动。

拓展任务4：飞翔的小鸟

运行效果，如图5-8所示。

要求：

1）创建一个名为app的应用，宽：800像素，高：500像素。

2）参照上面示例的显示效果，添加相应的显示元素。

3）小鸟一直向右移动，当超出屏幕右边界时，重新回到屏幕左边界，继续向右移动。

4）在背景图片上按下鼠标左键时，小鸟向上移动，松开鼠标左键时，小鸟向下移动。

5）当小鸟超出屏幕上下边界时，游戏结束。

拓展任务5：跑酷游戏——人物跳起

运行效果，如图5-9所示。

要求：

1）创建一个名为app的应用，宽：800像素，高：500像素。

2）参照上面示例的显示效果，添加相应的显示元素。

3）单击按钮时，实现人物跳起的效果。

图5-8　飞翔的小鸟

图5-9　跑酷游戏——人物跳起

模块6 制作多元素场景

学习目标

通过对本模块的学习，需要达到以下目标：

1）能够制作多元素场景。例如，实现多敌机动画。

2）学会JavaScript语言中Math算术函数的使用，例如，随机数、取整等。

3）学会JavaScript语言中循环语句的使用，包括for、while、do-while。

4）学会JavaScript语言中数组的定义、赋值、取值、删除数组中的值。

5）能够通过循环语句遍历数组。

学习情景

在本模块中，将要完成多敌机动画显示效果。要想实现这一功能，首先需要定义一个存储所有敌机的数组，然后分别控制数组中每架敌机的动画显示效果，如图6-1所示。

图6-1 游戏显示效果

模块分析

JavaScript语言中的Math对象提供了一系列的算术运算函数，用于实现程序中的算术运算功能，例如，随机数、取整、圆周率、绝对值等。

循环语句用于重复执行某一代码块，本模块将创建的所有敌机存入数组中，并通过循环语句控制所有敌机的动画效果。

数组是把若干个元素组织起来的一种形式。数组允许在一个变量中存储多个值，可理解为一个容器装了一堆元素。

实施步骤

步骤1：添加多敌机及动画

【知识链接】Math算术函数

Math提供了一系列算术运算函数，详情见表6-1。

表6-1 Math算术函数

函数	作用
abs(x)	返回数的绝对值
acos(x)	返回数的反余弦值
asin(x)	返回数的反正弦值
atan(x)	返回数的反正切值
ceil(x)	返回大于该数的最小整数
cos(x)	返回数的余弦值
exp(x)	返回e的指数
floor(x)	返回小于该数的最大整数
log(x)	返回数的自然对数（底为e）
max(x, y)	返回x和y中的最大值
min(x, y)	返回x和y中的最小值
pow(x, y)	返回x的y次幂
random()	返回0～1之间的随机小数
round(x)	四舍五入取整
sin(x)	返回数的正弦值
sqrt(x)	返回数的平方根
tan(x)	返回数的正切值

Math提供的算术运算函数中，常用函数包括：随机数、四舍五入取整、圆周率等。

随机数是指在一定范围内随机产生的数。它可以实现显示元素随机位置出现、随机移动速度等功能。

语法格式：

① 获得一个0～1之间的随机小数：

```
var a = Math.random();
```

② 获得一个0～500之间的随机小数：

```
var a = Math.random() * 500;
```

③ 获得一个10～30之间的随机小数：

```
var a = Math.random() * (30-10) + 10;
```

④ 获得一个m～n之间的随机小数（m < n）：

```
var a = Math.random() * (n-m) + m;
```

四舍五入取整是指通过四舍五入原则返回当前小数对应的整数部分。

语法格式：

```
var a = Math.round(3.14);
```

对3.14进行四舍五入取整，返回结果为：3。

例如，通过随机数与四舍五入取整，控制飞机每次出现的水平位置随机。

示例：

```
var app = new PIXI.Application(500,700);
document.body.appendChild(app.view);

//背景图片
var bg = new PIXI.Sprite.fromImage("res/plane/bg/img_bg_level_3.jpg");
app.stage.addChild(bg);

//飞机图片
var plane = new PIXI.Sprite.fromImage("res/enemy_04.png");
plane.anchor.set(0.5,0.5);
plane.x = 250
app.stage.addChild(plane);

//帧频函数
app.ticker.add(animate);
function animate() {
    plane.y += 3;
    if(plane.y > 800) {
        plane.y = -100;
        plane.x =Math.round(Math.random() * 500);
    }
}
```

代码讲解：

控制飞机图片plane的x坐标在0～500之间随机：

```
app.ticker.add(animate);
function animate() {
    plane.y += 3;
    if(plane.y > 800) {
        plane.y = -100;
        plane.x = Math.round(Math.random() * 500);
    }
}
```

通过帧频函数控制飞机图片plane向下移动，当飞机图片plane超出窗口下边界时，飞机图片plane将回到窗口顶端重新向下移动，并且x坐标随机。

Math.random() * 500：获得一个0～500之间的随机小数。

Math.round(Math.random() * 500)：将随机小数四舍五入取整。

plane.x = Math.round(Math.random() * 500)：设置飞机图片plane的x坐标为0~500之间的随机整数。

圆周率是圆的周长与直径的比值，约等于3.14。

语法格式：

```
var a = Math.PI;
```

返回圆周率的值约等于：3.141592653589793。

例如，通过圆周率设置飞机图片的旋转。

示例：

```
var app = new PIXI.Application(500,500);
document.body.appendChild(app.view);

//飞机图片
var plane = new PIXI.Sprite.fromImage("res/plane_blue_01.png");
plane.anchor.set(0.5,0.5);
plane.x = 250;
plane.y = 200;
app.stage.addChild(plane);

//设置旋转
plane.rotation = Math.PI / 4;
```

代码讲解：

控制飞机图片plane顺时针旋转45°：

plane.rotation = Math.PI / 4;

通过数学中弧度和角度的转换关系可以得知，圆周率对应的角度为180°。所以，Math.PI/4 对应的角度为45°。

注：Math提供的算术函数还有很多，在此就不再一一列举了。

【知识链接】for循环

循环语句用于重复执行某一代码块。常见的循环语句包括for循环、while循环、do-while循环。

for循环语法格式：

```
for(初始值; 循环条件; 初始值递增或递减){
    要执行的代码块;
}
```

例如，通过for循环向控制台输出了10次“JavaScript”。

示例：

```
for(var i=0;i<10;i++){
```

```
    console.log("JavaScript");
}
```

代码讲解：

for循环：

```
for(var i=0;i<10;i++) {
    console.log("JavaScript");
}
```

通过for循环向控制台输出10次“JavaScript”。

变量i：在循环语句中叫做循环变量，用于控制for循环的循环次数。

var i=0：设置变量i的初始值为0。

i<10：设置循环条件。只要条件成立，for循环就会一直重复执行{}花括号中的代码。直到该条件不成立时，循环结束。

i++：初始值递增。在每一次循环执行完成后，变量i的值加1。

注：for循环中的“初始值、循环条件、初始值递增或递减”之间，必须用分号分隔开。

在for循环中“初始值、循环条件、初始值递增或递减”的设置并不是固定不变的，而是根据实际要实现的功能任意设置。例如，通过for循环向控制台输出了1～20之间的所有奇数。

示例：

```
for(var i=1;i<20;i+=2) {
    console.log(i);
}
```

代码讲解：

for循环：

```
for(var i=1;i<20;i+=2) {
    console.log(i);
}
```

通过for循环向控制台输出1～20之间的所有奇数。

var i=1：将循环变量的初始值设置为1。

i<20：设置循环条件。

i+=2：每次循环执行完成后，循环变量i的值加2。

在制作游戏的时候，也会用到for循环。例如，使用for循环向应用程序舞台上添加了5架飞机。

示例：

```
var app = new PIXI.Application(400,500);
document.body.appendChild(app.view);

//添加5架飞机
```

```
for(var i=0;i<5;i++){
    var plane = new PIXI.Sprite.fromImage("res/enemy_04.png");
    app.stage.addChild(plane);
    plane.x = i * 50;
    plane.y = i * 100;
}
```

代码讲解:

循环添加飞机:

```
for(var i=0;i<5;i++){
    var plane = new PIXI.Sprite.fromImage("res/enemy_04.png");
    app.stage.addChild(plane);
    plane.x = i * 50;
    plane.y = i * 100;
}
```

通过for循环向舞台添加5架飞机。

var i=0：设置循环变量初始值为0。

i<5：设置循环条件。

i++：每次循环执行完成后，循环变量i的值加1。

【知识链接】while循环

while循环也是常用的循环语句之一。但语法格式相比for循环要简单一些。

while循环语法格式:

```
while(循环条件){
    要执行的代码块;
}
```

例如，使用while循环累加1～100的所有数字之和。

示例:

```
var sum = 0;

var i = 1;
while(i<=100){
    sum += i;
    i++;
}
console.log("总和为: "+sum);
```

代码讲解:

① sum变量:

```
var sum = 0;
```

定义sum变量，用于存储1～100的数字累加之和。

② 累加求和:

```
var i = 1;
```

```
        while (i<=100) {
            sum += i;
            i++;
        }
        console.log("总和为: "+sum);
```

通过while循环累加求和，并将累加的总和存储到sum变量中。

变量i：是循环变量。用于控制while循环的循环次数。

var i=1：设置循环变量初始值为1。

i<=100：设置循环条件。

i++：每次循环执行完成后，循环变量i的值加1。

sum += i：累加1～100的数字之和。

console.log("总和为："+sum)：输出结果为5050。

在制作游戏的时候，同样可以使用while循环。例如，使用while循环向应用程序舞台上添加5架飞机。

示例：

```
var app = new PIXI.Application(400,500);
document.body.appendChild(app.view);

//添加5架飞机
var i = 0;
while(i<5) {
    var plane = new PIXI.Sprite.fromImage("res/enemy_04.png");
    app.stage.addChild(plane);
    plane.y = i * 100;
    i++;
}
```

代码讲解：

循环添加飞机：

```
        var i = 0;
        while(i<5) {
            var plane = new PIXI.Sprite.fromImage("res/enemy_04.png");
            app.stage.addChild(plane);
            plane.y = i * 100;
            i++;
        }
```

使用while循环向舞台添加5架飞机。

var i=0：设置循环变量初始值为0。

i<5：设置循环条件。

i++：每次循环执行完成后，循环变量i的值加1。

【知识链接】do-while循环

do-while循环与while循环大同小异，只是语法格式稍有不同。

do-while循环语法格式：

```
do{
    要执行的代码块;
}while(循环条件);
```

例如，通过do-while循环向控制台输出6个数字。

示例：

```
var i = 5;
do{
    console.log(i);
    i++;
}while(i<=10);
```

代码讲解：

do-while循环：

```
var i = 5;
do{
    console.log(i);
    i++;
}while(i<=10);
```

通过do-while循环向控制台输出5～10一共6个数字。

var i=5：设置循环变量初始值为5。

i<=10：设置循环条件。

i++：每次循环执行完成后，循环变量i的值加1。

注：do-while循环，先执行{}花括号中的内容，后判断循环条件，所以，do-while循环至少执行一次。

【知识链接】循环关键字

循环语句中会使用两个关键字控制循环。

1）break：跳出整个循环，循环结束。

2）continue：越过本次循环，继续下一次循环。

例如，通过break控制循环。

示例：

```
for(var i=0;i<5;i++){
    console.log(i);
    if(i == 3){
        break;
    }
}
```

代码讲解：

❶ for循环：

```
for(var i=0;i<5;i++){
    console.log(i);
}
```

for循环一共循环5次，每次循环都会向控制台输出循环变量i的值。

❷ break关键字：

```
if(i == 3){
    break;
}
```

当循环变量i的值等于3时，通过break跳出整个循环，循环结束。

示例输出结果：0 1 2 3。

注：break不仅可以在for循环中使用，在其他循环中也可以使用。

例如，通过continue控制循环。

示例：

```
for(var i=0;i<5;i++){
    if(i == 3){
        continue;
    }
    console.log(i);
}
```

代码讲解：

❶ for循环：

```
for(var i=0;i<5;i++){
    console.log(i);
}
```

for循环一共循环5次，每次循环都会向控制台输出循环变量i的值。

❷ continue关键字：

```
if(i == 3){
    continue;
}
```

当循环变量i的值等于3时，通过continue越过本次循环，进入下一次循环。

示例输出结果：0 1 2 4。

注：continue不仅可以在for循环中使用，在其他循环中也可以使用。

【知识链接】定义数组

数组允许在一个变量中存储多个值，可理解为一个容器装了一堆元素。数组在使用之前必须先定义。定义数组有以下几种常用方法。

语法格式:

```
定义空数组:
    var 数组名 = [];
或者
    var 数组名 = new Array();
定义数组并赋值:
    var 数组名 = [值,值,值...];
或者
    var 数组名 = new Array(值,值,值...);
```

注：[]和new Array()创建数组的功能完全相同。

例如，分别通过两种方法定义了数组。

示例:

```
var arr1 = [10,20,30,"JavaScript"];
console.log(arr1);

var arr2 = new Array(100,"北京",300,400);
console.log(arr2);
```

代码讲解:

1 定义数组并赋值:

```
var arr1 = [10,20,30,"JavaScript"];
console.log(arr1);
```

通过[]方式定义数组并赋值。数组中的值为：10、20、30、“JavaScript”。

2 定义数组并赋值:

```
var arr2 = new Array(100,"北京",300,400);
console.log(arr2);
```

通过new Array()方式定义数组并赋值。数组中的值为：100、“北京”、300、400。

【知识链接】数组的存值

数组定义完成后，可以通过以下两种方法向数组中添加值。

1）通过数组下标赋值。

2）通过push()方法向数组的末尾追加值。

数组下标就是数组中每个值对应的序号。在默认情况下，数组下标都是从0开始，向后依次加1，如图6-2所示。

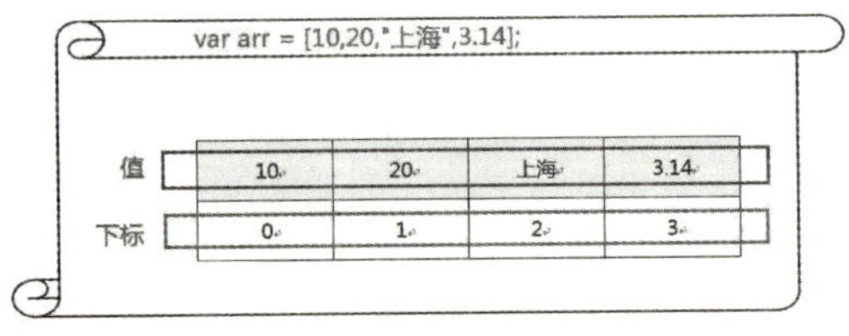

图6-2　数组下标

在图6-2中，arr数组中第1个值的下标是0，第2个值的下标是1，第3个值的下标是2，往后以此类推。

例如，通过数组下标的方式向数组中添加值。

示例：

```
//定义一个空数组
var arr = [];

//数组赋值
arr[0] = "北京";
arr[1] = 100;
arr[2] = "上海";

console.log(arr);
```

代码讲解：

① 定义数组：

```
var arr = [];
```

通过[]方式定义一个空数组。

② 通过数组下标赋值：

```
arr[0] = "北京";
arr[1] = 100;
arr[2] = "上海";
```

通过数组下标向arr数组中添加3个值。

注：数组中可以存储任意类型的数据，包括：数字类型、字符串类型、布尔类型、对象类型等。

例如，通过push()方法向数组的末尾追加值。

示例：

```
//定义一个空数组
var arr = [];

//向数组末尾追加值
arr.push(100);
arr.push("北京");
arr.push("上海");
arr.push(9.8);

console.log(arr);
```

代码讲解：

① 定义数组：

```
var arr = [];
```

通过[]方式定义一个空数组。

❷ 向数组末尾追加值:

```
arr.push(100);
arr.push("北京");
arr.push("上海");
arr.push(9.8);
```

使用push()方法向数组的末尾追加4个值。

【知识链接】数组的取值

数组中存储的值可以通过数组下标来获取。例如，通过下标来获取数组中指定元素的值。

示例:

```
//定义数组
var arr = [10,20,"上海",3.14];

//获得数组中的值并输出
console.log(arr[2]);
console.log(arr[0]);
```

代码讲解:

❶ 定义数组:

```
var arr = [10,20,"上海",3.14];
```

通过[]方式定义数组并赋值。

❷ 获得数组中的值:

```
console.log(arr[2]);
console.log(arr[0]);
```

获得数组中指定下标对应的元素值。

console.log(arr[2])：输出数组中2下标对应的元素值，结果为“上海”。

console.log(arr[0])：输出数组中0下标对应的元素值，结果为10。

【知识链接】删除数组中的值

删除数组中的值，有以下3种方法。

1）shift()方法：删除数组中的第1个元素值。

2）pop()方法：删除数组中的最后1个元素值。

3）splice()方法：从数组中指定下标位置向后删除多个元素值。

例如，通过shift()、pop()分别删除数组中第1个和最后1个元素值。

示例:

```
var arr = [10,20,30,40,50];
arr.shift();
arr.pop();
console.log(arr);
```

代码讲解：

❶ 定义数组：

```
var arr = [10,20,30,40,50];
```

通过[]方式定义数组并赋值。

❷ 删除数组中的值：

```
arr.shift();
```

删除数组中第1个元素的值。删除后，数组中的值为：20、30、40、50。

❸ 删除数组中的值：

```
arr.pop();
```

删除数组中最后1个元素的值。删除后，数组中的值为：20、30、40。

例如，通过splice()删除数组中的多个值。

示例：

```
var arr = [10,20,30,40,50];
arr.splice(1,3);
console.log(arr);
```

代码讲解：

❶ 定义数组：

```
var arr = [10,20,30,40,50];
```

通过[]方式定义数组并赋值。

❷ 删除数组中的值：

```
arr.splice(1,3);
```

从数组中1下标开始删除，一共向后删除3个值。删除后数组中的值为：10、50。

【知识链接】 数组长度

数组长度就是数组中元素值的个数，可以通过数组的length属性来获得。例如，通过length属性获得数组长度。

示例：

```
var citys = ["北京","上海","深圳","西安","长沙"];
console.log("数组长度为："+citys.length);
```

代码讲解：

❶ 定义数组：

```
var citys = ["北京","上海","深圳","西安","长沙"];
```

通过[]方式定义数组并赋值。

❷ 获得数组长度：

```
console.log("数组长度为："+citys.length);
```

通过数组的length属性获得数组长度。显示结果："数组长度为：5"。

【知识链接】 遍历数组

遍历数组是指通过循环将数组中所有的元素值依次输出。例如，通过for循环来遍历数组。

示例：

```
//定义数组
var arr = [10,20,30,"北京",40,"上海",50];

//遍历数组
for(var i=0;i<arr.length;i++){
    console.log(arr[i]);
}
```

代码讲解：

遍历数组：

```
for(var i=0;i<arr.length;i++){
    console.log(arr[i]);
}
```

通过for循环遍历arr数组中所有元素的值。

在循环执行过程中，循环变量i的值分别为：0 1 2 3 4 5 6，这正好与arr数组中所有元素值的下标对应，所以，用变量i充当数组下标，可依次取出数组中的所有值。

注：遍历数组不仅可以使用for循环来实现，while、do-while循环同样可以遍历数组。

例如，在本模块中，通过数组与循环添加多架敌机及敌机动画，代码如下。

```
var app = new PIXI.Application(512,768);
document.body.appendChild(app.view);

//游戏是否暂停
var isStop = true;

//背景
var bg = new PIXI.Sprite.fromImage("res/plane/bg/img_bg_level_3.jpg");
app.stage.addChild(bg);

//云彩
var yun = new PIXI.Sprite.fromImage("res/texiao/yun02.png");
app.stage.addChild(yun);
yun.x = 20;
yun.y = 130;

//长机
var plane = new PIXI.Sprite.fromImage("res/plane/plane_blue_01.png");
app.stage.addChild(plane);
plane.x = 250;
plane.y = 550;
```

```
plane.anchor.x = 0.5;
plane.anchor.y = 0.5;

//左僚机
var planeLeft = new PIXI.Sprite.fromImage("res/plane/liaoji_02_11.png");
plane.addChild(planeLeft);
planeLeft.anchor.x = 0.5;
planeLeft.anchor.y = 0.5;
planeLeft.x = -80;
planeLeft.y = 50;

//右僚机
var planeRight = new PIXI.Sprite.fromImage("res/plane/liaoji_02_11.png");
plane.addChild(planeRight);
planeRight.anchor.x = 0.5;
planeRight.anchor.y = 0.5;
planeRight.x = 80;
planeRight.y = 50;

//子弹
var bullet = new PIXI.Sprite.fromImage("res/plane/bullet_02.png");
app.stage.addChild(bullet);
bullet.anchor.x = 0.5;
bullet.anchor.y = 0.5;
bullet.x = plane.x;
bullet.y = plane.y - 100;

//添加敌机
var enemyArr = [];
for(var i = 0; i < 10; i ++ ) {
    var enemy = new PIXI.Sprite.fromImage("res/plane/enemy_04.png");
    app.stage.addChild(enemy);
    enemy.anchor.x = 0.5;
    enemy.anchor.y = 0.5;
    enemy.x = Math.random() * 450 + 50;
    enemy.y = -100 - Math.random()*700;

    enemyArr.push(enemy);
}

//得分文本
var defen = new PIXI.Text("得分: 00000");
defen.style.fill = "0xffffff";
app.stage.addChild(defen);
```

```
defen.x = 310;
defen.y = 10;

//血槽
var hpBg = new PIXI.Sprite.fromImage("res/plane/ui/2_03.png");
app.stage.addChild(hpBg);
hpBg.y = 14;

//血条
var hpTiao = new PIXI.Sprite.fromImage("res/plane/ui/3_03.png");
app.stage.addChild(hpTiao);
hpTiao.x = 33;
hpTiao.y = 14;

//血条左侧HP图片
var hpPic = new PIXI.Sprite.fromImage("res/plane/ui/img_ui_16.png");
app.stage.addChild(hpPic);
hpPic.x = 10;
hpPic.y = 12;

//道具
var item = new PIXI.Sprite.fromImage("res/plane/item/img_plane_item_15.png");
app.stage.addChild(item);
item.x = 100;
item.y = 300;

//暂停
var pauseBtn =
        new PIXI.Sprite.fromImage("res/plane/ui/ui_new_btn_png_03.png");
app.stage.addChild(pauseBtn);
pauseBtn.x = 460;
pauseBtn.y = 10;
pauseBtn.visible = false;

//继续游戏
var resumeBtn = new PIXI.Sprite.fromImage("res/plane/ui/start.png");
app.stage.addChild(resumeBtn);
resumeBtn.y = 30;

//“暂停”按钮鼠标单击事件
pauseBtn.interactive = true;
pauseBtn.on("click", pause);
function pause() {
    isStop = true;//单击“暂停”按钮，将isStop设置为true
```

```
        resumeBtn.visible = true;
        pauseBtn.visible = false;
    }

    //“继续”按钮鼠标单击事件
    resumeBtn.interactive = true;
    resumeBtn.on("click", resume);
    function resume() {
        isStop = false;//单击“继续”按钮，将isStop设置为false
        resumeBtn.visible = false;
        pauseBtn.visible = true;
    }

    //添加鼠标事件
    bg.interactive = true;
    bg.on("mousemove", movePlane);
    function movePlane(event) {
        //如果游戏已经暂停，将不执行鼠标事件
        if(isStop) {
            return;
        }
        var pos = event.data.getLocalPosition(app.stage);
        plane.x = pos.x;
        plane.y = pos.y;
    }

    //帧频函数
    app.ticker.add(animate);
    function animate() {
        //如果游戏已经暂停，将不执行动画
        if(isStop) {
            return;
        }
        moveBullet();
        moveBg();
        moveYun();
        moveItem();
        moveEnemy();
    }

    //敌机动画
    function moveEnemy() {
        for(var i = 0; i < enemyArr.length; i ++ ) {
            var enemy = enemyArr[i];
```

```
            enemy.y += 3;
            if(enemy.y > 800) {
                enemy.x = Math.random() * 450 + 50;
                enemy.y = -100 - Math.random()*700;
            }
        }
    }

    //子弹动画
    function moveBullet() {
        bullet.y -= 10;
        if(bullet.y < -100) {
            bullet.x = plane.x;
            bullet.y = plane.y;
        }
    }

    //背景动画
    function moveBg() {
        bg.y += 1;
        if(bg.y > 0) {
            bg.y = -768;
        }
    }

    //云彩动画
    function moveYun() {
        yun.y += 1.5;
        if(yun.y > 800) {
            yun.y = - 400;
        }
    }

    //道具动画
    function moveItem() {
        item.x += 0.5;
        item.y += 2;
        if(item.y > 800) {
            item.y = - 200;
        }
        if(item.x > 560) {
            item.x = -50;
        }
    }
```

上述代码的运行效果，如图6-3所示。

图6-3　添加多架敌机及敌机动画

测试评价

评价标准：

采分点	教师评分（0～4分）	自评（0～4分）	互评（0～4分）
1．掌握循环语句的使用方式，并能够通过循环控制显示元素 2．掌握数组的赋值与取值，并能够通过循环遍历数组 3．能够通过循环与数组实现多元素场景 4．掌握数学公式的使用，能够通过随机数、取整等丰富游戏显示效果			

拓展练习

运用学习到的知识完成以下拓展任务。

拓展任务1：打砖块——添加砖块

运行效果，如图6-4所示。

图6-4　打砖块——添加砖块

要求：

1）创建一个名为 app 的应用，宽：500像素，高：700像素。

2）添加背景图片。

3）通过循环添加5行10列的砖块，砖块的x坐标，从100像素开始依次向右排列，砖块的y坐标，从200像素开始依次向下排列。

拓展任务2：赛车游戏——多车辆移动

运行效果，如图6-5所示。

要求：

1）创建一个名为app的应用，宽：480像素，高：800像素。

2）添加背景图片。

3）通过循环创建7个赛车图片，并存入数组，最左侧小车的x坐标为140，其余车辆向右依次排列，设置小车的x坐标间隔为26，y坐标在100～800之间随机。

4）控制数组中的每个小车向上移动，当小车超出屏幕后，将小车的y坐标重新设置为800。

拓展任务3：大鱼吃小鱼

运行效果，如图6-6所示。

图6-5　赛车游戏——多车辆移动

图6-6　大鱼吃小鱼

要求：

1）创建一个名为app的应用，宽：800像素，高：600像素。

2）添加背景图片。

3）单击背景图片时，在单击位置添加一个鱼的图片。鱼的图片有两种：黄颜色、蓝颜色，通过随机数随机选择一种鱼的图片添加到界面中。

4）所有鱼都在窗口范围内移动，每条鱼的移动速度在0～2之间随机。

模块7 添加碰撞功能

学习目标

通过对本模块的学习，需要达到以下目标：

1）能够制作飞机连续发射子弹的动画效果。

2）能够实现子弹与敌机的碰撞、飞机与道具的碰撞功能。

3）能够实现记录游戏得分的功能。

4）能够实现多显示元素间的碰撞功能。

学习情景

要完成显示元素间的碰撞功能，首先需要确定将要碰撞的两个显示元素的假想圆半径，然后通过勾股定理计算出这两个显示元素间的距离，最后，判断假想圆半径与显示元素间距离的关系，实现碰撞功能，如图7-1所示。

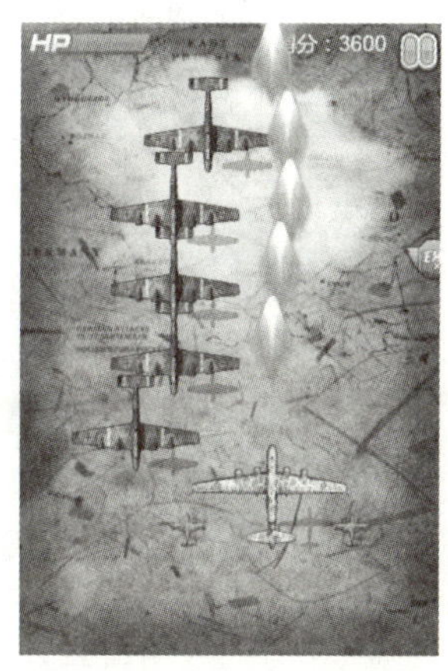

图7-1　游戏显示效果

模块分析

碰撞的核心是判断两个显示元素是否有交集。如果有交集，则认为两个显示元素发生碰撞。本模块通过子弹与敌机的碰撞判断，实现子弹击中敌机的功能。

帧频函数每秒执行60帧，也就是帧频函数每秒将被调用60次。本模块通过变量计数的功能控制帧频函数的调用频率，实现更加多变的动画显示效果。

实施步骤

步骤1：半秒发射一个子弹

【知识链接】一秒创建一架敌机

帧频函数每秒执行60帧，也就是帧频函数每秒将被调用60次。通过变量计数的功能可以控制帧频函数的调用频率，从而实现更加多变的动画显示效果。例如，通过帧频函数1秒创建1架敌机。

示例：

```
var app = new PIXI.Application(500, 600);
document.body.appendChild(app.view);

//背景图片
var bg = new PIXI.Sprite.fromImage("res/bg_02.png");
app.stage.addChild(bg);

//帧频函数
app.ticker.add(animate);
function animate() {
    createEnemy();
    moveEnemy();
}

//创建敌机
var enemyList = [];
var index = 0;
function createEnemy() {
    if(index == 60) {
        var enemy = new PIXI.Sprite.fromImage("res/enemy_04.png");
        enemy.anchor.set(0.5, 0.5);
        enemy.x = Math.random()*500;
        enemy.y = -50;
        app.stage.addChild(enemy);
        enemyList.push(enemy);
        index = 0;
    }
    index++;
}

//移动敌机
function moveEnemy() {
    for(var i=enemyList.length-1;i>=0;i--) {
        var enemy = enemyList[i];
```

```
                enemy.y += 5;

                if(enemy.y > 650){
                    app.stage.removeChild(enemy);
                    enemyList.splice(i, 1);
                }
            }
        }
```

代码讲解：

1 添加帧频函数：

```
    app.ticker.add(animate);
    function animate(){
        createEnemy();
        moveEnemy();
    }
```

通过帧频函数调用createEnemy()函数创建敌机、moveEnemy()函数移动敌机。

2 创建敌机：

```
var enemyList = [];
var index = 0;
function createEnemy(){
    if(index == 60){
        var enemy = new PIXI.Sprite.fromImage("res/enemy_04.png");
        enemy.anchor.set(0.5,0.5);
        enemy.x = Math.random()*500;
        enemy.y = -50;
        app.stage.addChild(enemy);
        enemyList.push(enemy);
        index = 0;
}
        index++;
}
```

定义createEnemy()函数，1秒创建1架敌机。

index变量：用于控制createEnemy()函数的调用频率。

var index=0：定义index变量，初始值为0。

index++：每当createEnemy()函数被调用1次，index变量值加1。

if(index==60){...}：判断index变量值，实现每隔1秒（60帧）创建1架敌机。

3 移动敌机：

```
function moveEnemy(){
    for(var i=enemyList.length-1;i>=0;i--){
        var enemy = enemyList[i];
        enemy.y += 5;
```

```
        if(enemy.y > 650) {
            app.stage.removeChild(enemy);
            enemyList.splice(i, 1);
        }
    }
}
```

定义moveEnemy()函数，用于控制所有敌机移动。

app.stage.removeChild(enemy)：敌机超出窗口边界，将敌机从舞台移除。

enemyList.splice(i, 1)：敌机超出窗口边界，将敌机从enemyList数组中删除。

例如，在本模块中，飞机每隔半秒发射一个子弹，代码如下。

```
var app = new PIXI.Application(512, 768);
document.body.appendChild(app.view);

//游戏是否暂停
var isStop = true;

//背景
var bg = new PIXI.Sprite.fromImage("res/plane/bg/img_bg_level_3.jpg");
app.stage.addChild(bg);

//云彩
var yun = new PIXI.Sprite.fromImage("res/texiao/yun02.png");
app.stage.addChild(yun);
yun.x = 20;
yun.y = 130;

//长机
var plane = new PIXI.Sprite.fromImage("res/plane/plane_blue_01.png");
app.stage.addChild(plane);
plane.x = 250;
plane.y = 550;
plane.anchor.x = 0.5;
plane.anchor.y = 0.5;

//左僚机
var planeLeft = new PIXI.Sprite.fromImage("res/plane/liaoji_02_11.png");
plane.addChild(planeLeft);
planeLeft.anchor.x = 0.5;
planeLeft.anchor.y = 0.5;
planeLeft.x = -80;
planeLeft.y = 50;

//右僚机
var planeRight = new PIXI.Sprite.fromImage("res/plane/liaoji_02_11.png");
```

```
plane.addChild(planeRight);
planeRight.anchor.x = 0.5;
planeRight.anchor.y = 0.5;
planeRight.x = 80;
planeRight.y = 50;

//得分文本
var defen = new PIXI.Text("得分: 00000");
defen.style.fill = "0xffffff";
app.stage.addChild(defen);
defen.x = 310;
defen.y = 10;

//血槽
var hpBg = new PIXI.Sprite.fromImage("res/plane/ui/2_03.png");
app.stage.addChild(hpBg);
hpBg.y = 14;

//血条
var hpTiao = new PIXI.Sprite.fromImage("res/plane/ui/3_03.png");
app.stage.addChild(hpTiao);
hpTiao.x = 33;
hpTiao.y = 14;

//血条左侧HP图片
var hpPic = new PIXI.Sprite.fromImage("res/plane/ui/img_ui_16.png");
app.stage.addChild(hpPic);
hpPic.x = 10;
hpPic.y = 12;

//道具
var item = new PIXI.Sprite.fromImage("res/plane/item/img_plane_item_15.png");
app.stage.addChild(item);
item.x = 100;
item.y = 300;

//暂停
var pauseBtn =
            new PIXI.Sprite.fromImage("res/plane/ui/ui_new_btn_png_03.png");
app.stage.addChild(pauseBtn);
pauseBtn.x = 460;
pauseBtn.y = 10;
pauseBtn.visible = false;

//继续游戏
```

```
var resumeBtn = new PIXI.Sprite.fromImage("res/plane/ui/start.png");
app.stage.addChild(resumeBtn);
resumeBtn.y = 30;

//"暂停"按钮鼠标单击事件
pauseBtn.interactive = true;
pauseBtn.on("click", pause);
function pause() {
    isStop = true;//单击"暂停"按钮,将isStop设置为true
    resumeBtn.visible = true;
    pauseBtn.visible = false;
}

//"继续"按钮鼠标单击事件
resumeBtn.interactive = true;
resumeBtn.on("click", resume);
function resume() {
    isStop = false;//单击"继续"按钮,将isStop设置为false
    resumeBtn.visible = false;
    pauseBtn.visible = true;
}

//添加鼠标事件
bg.interactive = true;
bg.on("mousemove", movePlane);
function movePlane(event) {
    //如果游戏已经暂停,将不执行鼠标事件
    if(isStop) {
        return;
    }
    var pos = event.data.getLocalPosition(app.stage);
    plane.x = pos.x;
    plane.y = pos.y;
}

//帧频函数
app.ticker.add(animate);
function animate() {
    //如果游戏已经暂停,将不执行动画
    if(isStop) {
        return;
    }
    moveBg();
    moveYun();
    moveItem();
```

```
        addBullet();
        moveBullet();
    }

    //发射子弹
    var bulletSpeed = 10;//子弹移动速度
    var bulletSubTime = 30;//发射子弹间隔
    var bulletList = [];//子弹数组
    var fireTime = 0;
    function addBullet() {
        if(fireTime >= bulletSubTime) {
            var bullet = new PIXI.Sprite.fromImage("res/plane/bullet_02.png");
            app.stage.addChild(bullet);
            bullet.anchor.x = 0.5;
            bullet.anchor.y = 0.5;
            bullet.x = plane.x;
            bullet.y = plane.y - 100;
            bulletList.push(bullet);
            fireTime = 0;
        }
        fireTime++;
    }

    //子弹动画
    function moveBullet() {
        for(var i=bulletList.length-1; i>=0; i--) {
            var bullet = bulletList[i];
            bullet.y -= bulletSpeed;
            if(bullet.y < -100) {
                //销毁子弹
                app.stage.removeChild(bullet);
                bulletList.splice(i, 1);
            }
        }
    }

    //背景动画
    function moveBg() {
        bg.y += 1;
        if(bg.y > 0) {
            bg.y = -768;
        }
    }

    //云彩动画
```

```
function moveYun() {
    yun.y += 1.5;
    if(yun.y > 800) {
        yun.y = - 400;
    }
}

//道具动画
function moveItem() {
    item.x += 0.5;
    item.y += 2;
    if(item.y > 800) {
        item.y = - 200;
    }
    if(item.x > 560) {
        item.x = -50;
    }
}
```

上述代码的运行效果，如图7-2所示。

图7-2 飞机半秒发射一个子弹

步骤2：半秒创建一架敌机

```
var app = new PIXI.Application(512,768);
document.body.appendChild(app.view);

//游戏是否暂停
var isStop = true;

//背景
var bg = new PIXI.Sprite.fromImage("res/plane/bg/img_bg_level_3.jpg");
app.stage.addChild(bg);

//云彩
```

```
var yun = new PIXI.Sprite.fromImage("res/texiao/yun02.png");
app.stage.addChild(yun);
yun.x = 20;
yun.y = 130;

//长机
var plane = new PIXI.Sprite.fromImage("res/plane/plane_blue_01.png");
app.stage.addChild(plane);
plane.x = 250;
plane.y = 550;
plane.anchor.x = 0.5;
plane.anchor.y = 0.5;

//左僚机
var planeLeft = new PIXI.Sprite.fromImage("res/plane/liaoji_02_11.png");
plane.addChild(planeLeft);
planeLeft.anchor.x = 0.5;
planeLeft.anchor.y = 0.5;
planeLeft.x = -80;
planeLeft.y = 50;

//右僚机
var planeRight = new PIXI.Sprite.fromImage("res/plane/liaoji_02_11.png");
plane.addChild(planeRight);
planeRight.anchor.x = 0.5;
planeRight.anchor.y = 0.5;
planeRight.x = 80;
planeRight.y = 50;

//得分文本
var defen = new PIXI.Text("得分：00000");
defen.style.fill = "0xffffff";
app.stage.addChild(defen);
defen.x = 310;
defen.y = 10;

//血槽
var hpBg = new PIXI.Sprite.fromImage("res/plane/ui/2_03.png");
app.stage.addChild(hpBg);
hpBg.y = 14;

//血条
var hpTiao = new PIXI.Sprite.fromImage("res/plane/ui/3_03.png");
app.stage.addChild(hpTiao);
hpTiao.x = 33;
```

```
hpTiao.y = 14;

//血条左侧HP图片
var hpPic = new PIXI.Sprite.fromImage("res/plane/ui/img_ui_16.png");
app.stage.addChild(hpPic);
hpPic.x = 10;
hpPic.y = 12;

//道具
var item = new PIXI.Sprite.fromImage("res/plane/item/img_plane_item_15.png");
app.stage.addChild(item);
item.x = 100;
item.y = 300;

//暂停
var pauseBtn =
            new PIXI.Sprite.fromImage("res/plane/ui/ui_new_btn_png_03.png");
app.stage.addChild(pauseBtn);
pauseBtn.x = 460;
pauseBtn.y = 10;
pauseBtn.visible = false;

//继续游戏
var resumeBtn = new PIXI.Sprite.fromImage("res/plane/ui/start.png");
app.stage.addChild(resumeBtn);
resumeBtn.y = 30;

//"暂停"按钮鼠标单击事件
pauseBtn.interactive = true;
pauseBtn.on("click", pause);
function pause() {
    isStop = true;//单击"暂停"按钮，将isStop设置为true
    resumeBtn.visible = true;
    pauseBtn.visible = false;
}

//"继续"按钮鼠标单击事件
resumeBtn.interactive = true;
resumeBtn.on("click", resume);
function resume() {
    isStop = false;//单击"继续"按钮，将isStop设置为false
    resumeBtn.visible = false;
    pauseBtn.visible = true;
}
```

```
//添加鼠标事件
bg.interactive = true;
bg.on("mousemove", movePlane);
function movePlane(event) {
    //如果游戏已经暂停，将不执行鼠标事件
    if(isStop) {
        return;
    }
    var pos = event.data.getLocalPosition(app.stage);
    plane.x = pos.x;
    plane.y = pos.y;
}

//帧频函数
app.ticker.add(animate);
function animate() {
    //如果游戏已经暂停，将不执行动画
    if(isStop) {
        return;
    }
    moveBg();
    moveYun();
    moveItem();
    addBullet();
    moveBullet();
    addEnemy();
    moveEnemy();
}

//创建敌机
var enemyList = [];
var enemyTime = 0;
function addEnemy() {
    if(enemyTime >= 30) {
        var enemy = new PIXI.Sprite.fromImage("res/plane/enemy_04.png");
        app.stage.addChild(enemy);
        enemy.anchor.x = 0.5;
        enemy.anchor.y = 0.5;
        enemy.x = Math.random() * 450 + 50;
        enemy.y = - 100;
        enemyList.push(enemy);
        enemyTime = 0;
    }
    enemyTime++;
}
```

```
//敌机动画
function moveEnemy() {
    for(var i=enemyList.length-1; i>=0; i--) {
        var enemy = enemyList[i];
        enemy.y += 3;
        if(enemy.y > 800) {
            //销毁飞机
            app.stage.removeChild(enemy);
            enemyList.splice(i , 1);
        }
    }
}

//发射子弹
var bulletSpeed = 10;//子弹移动速度
var bulletSubTime = 30;//发射子弹间隔
var bulletList = [];//子弹数组
var fireTime = 10;
function addBullet() {
    if(fireTime >= bulletSubTime) {
        var bullet = new PIXI.Sprite.fromImage("res/plane/bullet_02.png");
        app.stage.addChild(bullet);
        bullet.anchor.x = 0.5;
        bullet.anchor.y = 0.5;
        bullet.x = plane.x;
        bullet.y = plane.y - 100;
        bulletList.push(bullet);
        fireTime = 0;
    }
    fireTime++;
}

//子弹动画
function moveBullet() {
    for(var i=bulletList.length-1; i>=0; i--) {
        var bullet = bulletList[i];
        bullet.y -= bulletSpeed;
        if(bullet.y < -100) {
            //销毁子弹
            app.stage.removeChild(bullet);
            bulletList.splice(i, 1);
        }
    }
}
```

```
//背景动画
function moveBg() {
    bg.y += 1;
    if(bg.y > 0) {
        bg.y = -768;
    }
}

//云彩动画
function moveYun() {
    yun.y += 1.5;
    if(yun.y > 800) {
        yun.y = - 400;
    }
}

//道具动画
function moveItem() {
    item.x += 0.5;
    item.y += 2;
    if(item.y > 800) {
        item.y = - 200;
    }
    if(item.x > 560) {
        item.x = -50;
    }
}
```

上述代码的运行效果，如图7-3所示。

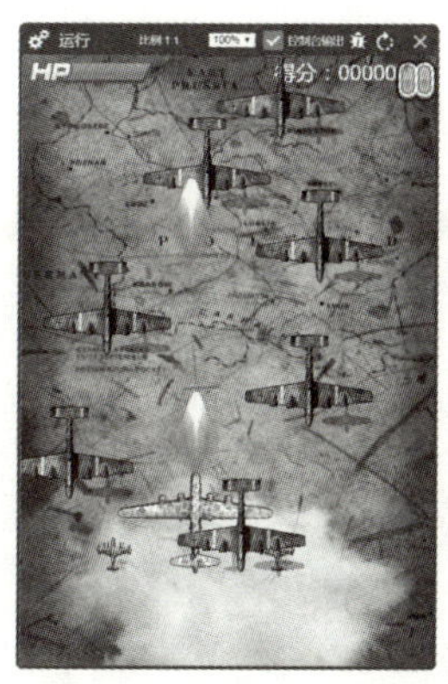

图7-3　半秒创建一架敌机

步骤3：飞机与道具碰撞

【知识链接】 碰撞原理及实现

在制作游戏时，判断发射的子弹是否击中敌机，这需要通过碰撞判断来实现。碰撞指的是窗口中两张图片是否有交集。如果有交集，则认为两张图片发生碰撞，如图7-4所示。

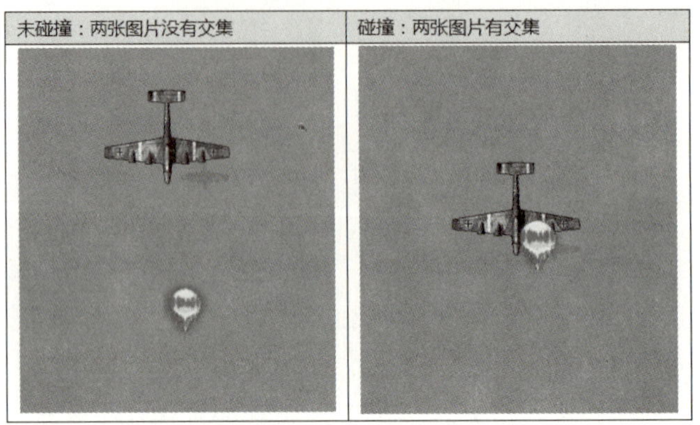

图7-4　碰撞效果

判断两张图片是否有交集似乎不太好做，所以为了判断方便，可以把每张图片都看做一个圆，这个圆就是通常所说的假想圆，如图7-5所示，飞机图片和子弹图片都有个假想圆。

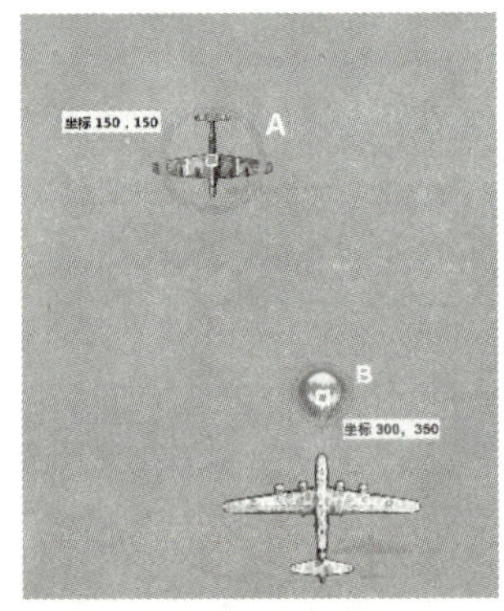

图7-5　假想圆

有了假想圆，在实现碰撞判断时就容易多了，只需要判断两个假想圆是否有交集就可以了，如图7-6所示。

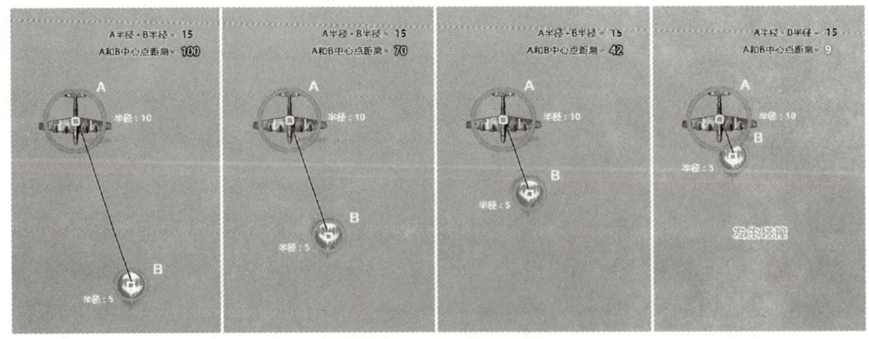

图7-6　碰撞过程

通过图7-6可以看出，当A、B两张图片中心点距离小于A、B两个假想圆的半径之和时，就认为两张图片发生了碰撞。可问题是：A、B两个假想圆的半径是固定的，但A、B两张图片中心点的距离如何获得呢？

如果要想获得A、B两张图片中心点的距离，那么就要用到数学中的勾股定理，如图7-7所示。

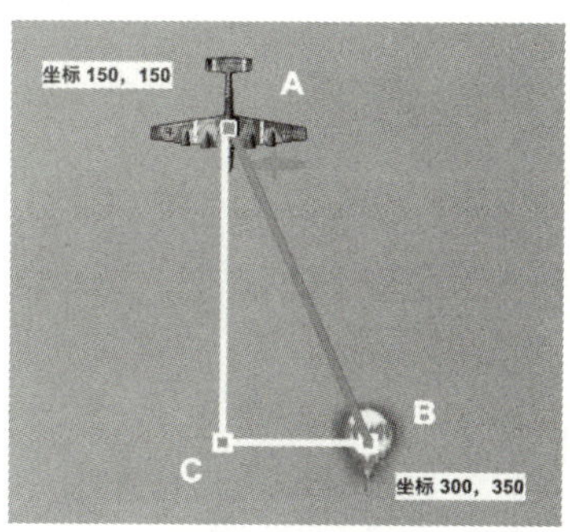

图7-7 勾股定理

在图7-7中，AB边的距离就是A、B两张图片中心点的距离。虽然AB边的距离不知道，但BC边和AC边的距离是能够求出来的。BC边和AC边的距离计算公式如下：

BC边的距离=子弹的x坐标-飞机的x坐标

AC边的距离=子弹的y坐标-飞机的y坐标

通过勾股定理，继续求出AB边的距离。计算公式如下：

$$AB^2=AC^2+BC^2$$

AB边的距离求出来了，但是要想实现碰撞判断，还需要确定A、B两张图片假想圆的半径。假想圆半径确定方法如下：

A图片假想圆半径：A图片宽高大约为80像素，那么假想圆的半径约为40像素。

B图片假想圆半径：B图片宽高大约为40像素，那么假想圆的半径约为20像素。

通过AB边的距离以及A、B两张图片假想圆的半径，实现碰撞判断的条件如下：

```
if(AB边距离的平方 < A、B两张图片假想圆半径之和的平方){
    发生碰撞
}
```

例如，实现子弹与敌机的碰撞功能。

示例：

```
var app = new PIXI.Application(400,400);
document.body.appendChild(app.view);

//敌机
var enemy = PIXI.Sprite.fromImage("res/plane/enemy_04.png");
enemy.x = 200;
enemy.y = 100;
enemy.anchor.set(0.5,0.5);
app.stage.addChild(enemy);

//子弹
```

```
var bullet = PIXI.Sprite.fromImage("res/plane/bullet_01.png");
bullet.x = 234;
bullet.y = 400;
bullet.anchor.set(0.5,0.5);
app.stage.addChild(bullet);

//帧频函数
app.ticker.add(animate);
function animate() {
    moveBullet();
    crash();
}

//移动子弹
function moveBullet() {
    bullet.y -= 10;
    if(bullet.y < 0) {
        bullet.y = 400;
    }
}

//碰撞判断
function crash() {
    var pos = (bullet.x - enemy.x) * (bullet.x - enemy.x) +
                                    (bullet.y - enemy.y) * (bullet.y - enemy.y);
    if(pos < 60 * 60) {
        enemy.y -= 5;
        bullet.y = 400;
    }
}
```

代码讲解：

① 添加帧频函数：

```
app.ticker.add(animate);
function animate() {
    moveBullet();
    crash();
}
```

通过帧频函数调用moveBullet()函数移动子弹、crash()函数实现碰撞判断。

② 碰撞判断：

```
function crash() {
    var pos = (bullet.x - enemy.x) * (bullet.x - enemy.x) +
                                (bullet.y - enemy.y) * (bullet.y - enemy.y);
    if(pos < 60 * 60) {
        enemy.y -= 5;
```

```
        bullet.y = 400;
    }
}
```

定义crash()函数，实现子弹与敌机的碰撞判断。

```
var pos = (bullet.x - enemy.x) * (bullet.x - enemy.x) +
                        (bullet.y - enemy.y) * (bullet.y - enemy.y);
```

计算子弹与敌机两张图片中心点距离的平方，并存储到pos变量中。

```
if(pos < 60 * 60) {
    enemy.y -= 5;
    bullet.y = 400;
}
```

pos：是子弹与敌机两张图片中心点距离的平方。

60：是子弹与敌机两张图片假想圆半径之和。

pos < 60 * 60：碰撞判断条件。

例如，在本模块中，实现了飞机与道具的碰撞，代码如下。

```
var app = new PIXI.Application(512,768);
document.body.appendChild(app.view);

//游戏是否暂停
var isStop = true;

//背景
var bg = new PIXI.Sprite.fromImage("res/plane/bg/img_bg_level_3.jpg");
app.stage.addChild(bg);

//云彩
var yun = new PIXI.Sprite.fromImage("res/texiao/yun02.png");
app.stage.addChild(yun);
yun.x = 20;
yun.y = 130;

//长机
var plane = new PIXI.Sprite.fromImage("res/plane/plane_blue_01.png");
app.stage.addChild(plane);
plane.x = 250;
plane.y = 550;
plane.anchor.x = 0.5;
plane.anchor.y = 0.5;

//左僚机
var planeLeft = new PIXI.Sprite.fromImage("res/plane/liaoji_02_11.png");
plane.addChild(planeLeft);
planeLeft.anchor.x = 0.5;
```

```
planeLeft.anchor.y = 0.5;
planeLeft.x = -80;
planeLeft.y = 50;

//右僚机
var planeRight = new PIXI.Sprite.fromImage("res/plane/liaoji_02_11.png");
plane.addChild(planeRight);
planeRight.anchor.x = 0.5;
planeRight.anchor.y = 0.5;
planeRight.x = 80;
planeRight.y = 50;

//得分文本
var defen = new PIXI.Text("得分: 00000");
defen.style.fill = "0xffffff";
app.stage.addChild(defen);
defen.x = 310;
defen.y = 10;

//血槽
var hpBg = new PIXI.Sprite.fromImage("res/plane/ui/2_03.png");
app.stage.addChild(hpBg);
hpBg.y = 14;

//血条
var hpTiao = new PIXI.Sprite.fromImage("res/plane/ui/3_03.png");
app.stage.addChild(hpTiao);
hpTiao.x = 33;
hpTiao.y = 14;

//血条左侧HP图片
var hpPic = new PIXI.Sprite.fromImage("res/plane/ui/img_ui_16.png");
app.stage.addChild(hpPic);
hpPic.x = 10;
hpPic.y = 12;

//道具
var item = new PIXI.Sprite.fromImage("res/plane/item/img_plane_item_15.png");
app.stage.addChild(item);
item.x = 100;
item.y = 300;

//暂停
var pauseBtn =
        new PIXI.Sprite.fromImage("res/plane/ui/ui_new_btn_png_03.png");
```

```
app.stage.addChild(pauseBtn);
pauseBtn.x = 460;
pauseBtn.y = 10;
pauseBtn.visible = false;

//继续游戏
var resumeBtn = new PIXI.Sprite.fromImage("res/plane/ui/start.png");
app.stage.addChild(resumeBtn);
resumeBtn.y = 30;

//“暂停”按钮鼠标单击事件
pauseBtn.interactive = true;
pauseBtn.on("click", pause);
function pause() {
    isStop = true;//单击“暂停”按钮，将isStop设置为true
    resumeBtn.visible = true;
    pauseBtn.visible = false;
}

//“继续”按钮鼠标单击事件
resumeBtn.interactive = true;
resumeBtn.on("click", resume);
function resume() {
    isStop = false;//单击“继续”按钮，将isStop设置为false
    resumeBtn.visible = false;
    pauseBtn.visible = true;
}

//添加鼠标事件
bg.interactive = true;
bg.on("mousemove", movePlane);
function movePlane(event) {
    //如果游戏已经暂停，将不执行鼠标事件
    if(isStop) {
        return;
    }
    var pos = event.data.getLocalPosition(app.stage);
    plane.x = pos.x;
    plane.y = pos.y;
}

//帧频函数
app.ticker.add(animate);
function animate() {
    //如果游戏已经暂停，将不执行动画
```

```
        if(isStop) {
            return;
        }
        moveBg();
        moveYun();
        moveItem();
        addBullet();
        moveBullet();
        addEnemy();
        moveEnemy();
        planeCrash();
    }

    //飞机与道具碰撞
    function planeCrash() {
        var pos = (plane.x - item.x) * (plane.x - item.x) +
                                    (plane.y - item.y) * (plane.y - item.y);
        if(pos < 50 * 50) {
            //加速发射子弹
            bulletSpeed += 4;
            bulletSubTime -= 15;
            if(bulletSubTime < 5) {
                bulletSubTime = 5;
            }
            item.y = - 500;
        }
    }

    //创建敌机
    var enemyList = [];
    var enemyTime = 0;
    function addEnemy() {
        if(enemyTime >= 30) {
            var enemy = new PIXI.Sprite.fromImage("res/plane/enemy_04.png");
            app.stage.addChild(enemy);
            enemy.anchor.x = 0.5;
            enemy.anchor.y = 0.5;
            enemy.x = Math.random() * 450 + 50;
            enemy.y = - 100;
            enemyList.push(enemy);
            enemyTime = 0;
        }
        enemyTime++;
    }
```

```
//敌机动画
function moveEnemy() {
    for(var i=enemyList.length-1; i>=0; i--) {
        var enemy = enemyList[i];
        enemy.y += 3;
        if(enemy.y > 800) {
            //销毁飞机
            app.stage.removeChild(enemy);
            enemyList.splice(i , 1);
        }
    }
}

//发射子弹
var bulletSpeed = 10;//子弹移动速度
var bulletSubTime = 30;//发射子弹间隔
var bulletList = [];//子弹数组
var fireTime = 10;
function addBullet() {
    if(fireTime >= bulletSubTime) {
        var bullet = new PIXI.Sprite.fromImage("res/plane/bullet_02.png");
        app.stage.addChild(bullet);
        bullet.anchor.x = 0.5;
        bullet.anchor.y = 0.5;
        bullet.x = plane.x;
        bullet.y = plane.y - 100;
        bulletList.push(bullet);
        fireTime = 0;
    }
    fireTime++;
}

//子弹动画
function moveBullet() {
    for(var i=bulletList.length-1; i>=0; i--) {
        var bullet = bulletList[i];
        bullet.y -= bulletSpeed;
        if(bullet.y < -100) {
            //销毁子弹
            app.stage.removeChild(bullet);
            bulletList.splice(i, 1);
        }
    }
}
```

```
//背景动画
function moveBg() {
    bg.y += 1;
    if(bg.y > 0) {
        bg.y = -768;
    }
}

//云彩动画
function moveYun() {
    yun.y += 1.5;
    if(yun.y > 800) {
        yun.y = - 400;
    }
}

//道具动画
function moveItem() {
    item.x += 0.5;
    item.y += 2;
    if(item.y > 800) {
        item.y = - 200;
    }
    if(item.x > 560) {
        item.x = -50;
    }
}
```

上述代码的运行效果，如图7-8所示。

图7-8　飞机与道具碰撞

步骤4：多子弹与多敌机碰撞

【知识链接】多子弹与多飞机碰撞

在制作多子弹与多飞机的碰撞功能时，有两点需要注意：

1）如何存储多个飞机和多个子弹?

在程序中，如果需要同时存储多个数据，最好的解决办法就是使用数组。所以，可以定义两个数组，分别存储多个飞机和多个子弹，如图7-9所示。

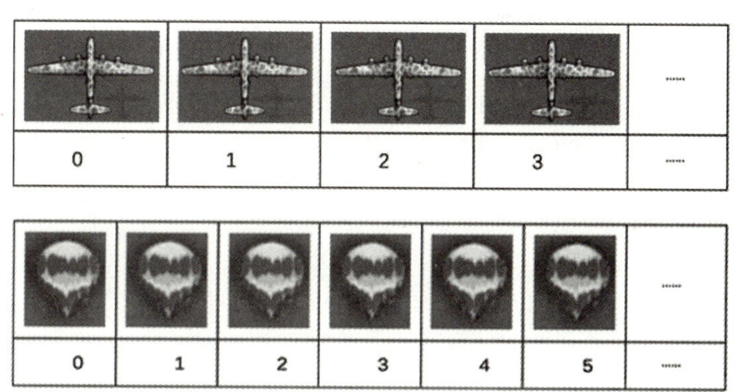

图7-9 飞机、子弹数组

2）如何实现多飞机与多子弹的碰撞判断?

多飞机与多子弹的碰撞，需要对每一个子弹与每一个飞机分别做碰撞判断，如图7-10所示。

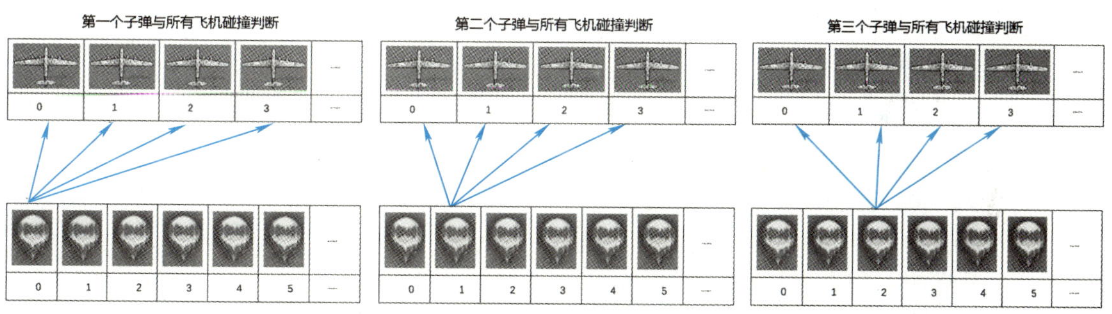

图7-10 多飞机多子弹碰撞

在图7-10中，首先对第1个子弹与所有飞机进行碰撞判断，然后对第2个子弹与所有飞机进行碰撞判断，往后以此类推，这样也就实现了每个子弹与每个飞机的碰撞判断功能。

示例：

```
var app = new PIXI.Application(400,500);
document.body.appendChild(app.view);

//飞机
var plane = PIXI.Sprite.fromImage("res/plane/plane_blue_01.png");
plane.anchor.set(0.5,0.5);
plane.x = 200;
plane.y = 400;
app.stage.addChild(plane);
```

```
//鼠标移动事件
app.stage.interactive = true;
app.stage.on('mousemove', movePlane);
function movePlane(event) {
    var pos=event.data.getLocalPosition(app.stage);
    plane.x = pos.x;
    plane.y = pos.y;
}

//敌机数组
var enemyList = [];

//子弹数组
var bulletList = [];

//帧频函数
app.ticker.add(animate);
function animate() {
    addEnemy();
    moveEnemy();
    addBullet();
    moveBullet();
    crash();
}

//创建敌机
var a = 0;
function addEnemy() {
    if(a == 20) {
        var enemy = PIXI.Sprite.fromImage("res/plane/enemy_04.png");
        enemy.anchor.set(0.5, 0.5);
        enemy.x = Math.random() * 400;
        app.stage.addChild(enemy);

        //将敌机添加到数组
        enemyList.push(enemy);

        a = 0;
    }
    a++;
}

//移动敌机
function moveEnemy() {
```

```
        for(var i=enemyList.length-1;i>=0;i--) {
            var enemy = enemyList[i];
            enemy.y += 4;
            //删除超出窗口边界的敌机
            if(enemy.y > 600) {
                app.stage.removeChild(enemy);
                enemyList.splice(i, 1);
            }
        }
    }

    //创建子弹
    var b = 0;
    function addBullet() {
        if(b == 5) {
            var bullet = PIXI.Sprite.fromImage("res/plane/bullet_01.png");
            bullet.anchor.set(0.5, 0.5);
            bullet.y = plane.y;
            bullet.x = plane.x;
            app.stage.addChild(bullet);

            //将子弹添加到数组中
            bulletList.push(bullet);

            b = 0;
        }
        b++;
    }

    //移动子弹
    function moveBullet() {
        for(var i=bulletList.length-1;i>=0;i--) {
            var bullet = bulletList[i];
            bullet.y -= 20;
            //删除超出窗口边界的子弹
            if(bullet.y < -100) {
                app.stage.removeChild(bullet);
                bulletList.splice(i, 1);
            }
        }
    }

    //敌机与子弹的碰撞
    function crash() {
        //循环子弹数组
```

```
    for(var i=0;i<bulletList.length;i++) {
        var bullet = bulletList[i];

        //循环敌机数组
        for(var j=0;j<enemyList.length;j++) {
            var enemy = enemyList[j];

            var pos = (bullet.x - enemy.x) * (bullet.x - enemy.x) +
                                (bullet.y - enemy.y) * (bullet.y - enemy.y);
            //碰撞判断
            if(pos < 60 * 60) {
                //销毁子弹
                app.stage.removeChild(bullet);
                bulletList.splice(i, 1);
                //销毁敌机
                app.stage.removeChild(enemy);
                enemyList.splice(j, 1);

                break;
            }
        }
    }
}
```

代码讲解:

① 定义数组:

```
var enemyList = [];
var bulletList = [];
```

定义两个数组，分别存储创建的所有敌机与所有子弹。

enemyList: 存储创建的所有敌机。

bulletList: 存储创建的所有子弹。

② 帧频函数:

```
app.ticker.add(animate);
function animate() {
    addEnemy();
    moveEnemy();
    addBullet();
    moveBullet();
    crash();
}
```

通过帧频函数调用其他函数。

addEnemy(): 用于创建敌机。

moveEnemy(): 控制所有敌机移动。

addBullet()：用于创建子弹。
moveBullet()：控制所有子弹移动。
crash()：实现所有敌机与所有子弹的碰撞判断。

③ 碰撞判断：

```
function crash() {
    for(var i=0;i<bulletList.length;i++) {
        var bullet = bulletList[i];
        for(var j=0;j<enemyList.length;j++) {
            var enemy = enemyList[j];
            var pos = (bullet.x - enemy.x) * (bullet.x - enemy.x) +
                      (bullet.y - enemy.y) * (bullet.y - enemy.y);
            if(pos < 60 * 60) {
                app.stage.removeChild(bullet);
                bulletList.splice(i, 1);
                app.stage.removeChild(enemy);
                enemyList.splice(j, 1);
                break;
            }
        }
    }
}
```

实现多飞机与多子弹的碰撞判断。
for(var i=0;i<bulletList.length;i++){...}：遍历存储子弹的数组。
for(var j=0;j<enemyList.length;j++){...}：遍历存储敌机的数组。
pos：当前子弹与敌机两张图片中心点距离的平方。
60：飞机与子弹两张图片假想圆半径之和。
pos < 60*60：碰撞判断的条件。

例如，在本模块中，实现了多子弹与多敌机的碰撞，代码如下。

```
var app = new PIXI.Application(512,768);
document.body.appendChild(app.view);

//游戏是否暂停
var isStop = true;

//背景
var bg = new PIXI.Sprite.fromImage("res/plane/bg/img_bg_level_3.jpg");
app.stage.addChild(bg);

//云彩
var yun = new PIXI.Sprite.fromImage("res/texiao/yun02.png");
app.stage.addChild(yun);
yun.x = 20;
```

```
yun.y = 130;

//长机
var plane = new PIXI.Sprite.fromImage("res/plane/plane_blue_01.png");
app.stage.addChild(plane);
plane.x = 250;
plane.y = 550;
plane.anchor.x = 0.5;
plane.anchor.y = 0.5;

//左僚机
var planeLeft = new PIXI.Sprite.fromImage("res/plane/liaoji_02_11.png");
plane.addChild(planeLeft);
planeLeft.anchor.x = 0.5;
planeLeft.anchor.y = 0.5;
planeLeft.x = -80;
planeLeft.y = 50;

//右僚机
var planeRight = new PIXI.Sprite.fromImage("res/plane/liaoji_02_11.png");
plane.addChild(planeRight);
planeRight.anchor.x = 0.5;
planeRight.anchor.y = 0.5;
planeRight.x = 80;
planeRight.y = 50;

//得分文本
var defen = new PIXI.Text("得分: 00000");
defen.style.fill = "0xffffff";
app.stage.addChild(defen);
defen.x = 310;
defen.y = 10;

//血槽
var hpBg = new PIXI.Sprite.fromImage("res/plane/ui/2_03.png");
app.stage.addChild(hpBg);
hpBg.y = 14;

//血条
var hpTiao = new PIXI.Sprite.fromImage("res/plane/ui/3_03.png");
app.stage.addChild(hpTiao);
hpTiao.x = 33;
hpTiao.y = 14;
```

```
//血条左侧HP图片
var hpPic = new PIXI.Sprite.fromImage("res/plane/ui/img_ui_16.png");
app.stage.addChild(hpPic);
hpPic.x = 10;
hpPic.y = 12;

//道具
var item = new PIXI.Sprite.fromImage("res/plane/item/img_plane_item_15.png");
app.stage.addChild(item);
item.x = 100;
item.y = 300;

//暂停
var pauseBtn =
new PIXI.Sprite.fromImage("res/plane/ui/ui_new_btn_png_03.png");
app.stage.addChild(pauseBtn);
pauseBtn.x = 460;
pauseBtn.y = 10;
pauseBtn.visible = false;

//继续游戏
var resumeBtn = new PIXI.Sprite.fromImage("res/plane/ui/start.png");
app.stage.addChild(resumeBtn);
resumeBtn.y = 30;

//"暂停"按钮鼠标单击事件
pauseBtn.interactive = true;
pauseBtn.on("click", pause);
function pause() {
    isStop = true;//单击"暂停"按钮，将isStop设置为true
    resumeBtn.visible = true;
    pauseBtn.visible = false;
}

//"继续"按钮鼠标单击事件
resumeBtn.interactive = true;
resumeBtn.on("click", resume);
function resume() {
    isStop = false;//单击"继续"按钮，将isStop设置为false
    resumeBtn.visible = false;
    pauseBtn.visible = true;
}

//添加鼠标事件
```

```
bg.interactive = true;
bg.on("mousemove", movePlane);
function movePlane(event) {
    //如果游戏已经暂停，将不执行鼠标事件
    if(isStop) {
        return;
    }
    var pos = event.data.getLocalPosition(app.stage);
    plane.x = pos.x;
    plane.y = pos.y;
}

//帧频函数
app.ticker.add(animate);
function animate() {
    //如果游戏已经暂停，将不执行动画
    if(isStop) {
        return;
    }
    moveBg();
    moveYun();
    moveItem();
    addBullet();
    moveBullet();
    addEnemy();
    moveEnemy();
    planeCrash();
    bulletCrash();
}

//子弹与敌机碰撞
var score = 0;//当前得分
function bulletCrash() {
    for(var j=bulletList.length-1; j>=0; j--) {
        var bullet = bulletList[j];
        for(var i=enemyList.length-1; i>=0 ; i--) {
            var enemy = enemyList[i];
            var pos = (bullet.x - enemy.x) * (bullet.x - enemy.x) +
                        (bullet.y - enemy.y) * (bullet.y - enemy.y);
            if(pos < 60 * 60) {
                //销毁子弹
                app.stage.removeChild(bullet);
                bulletList.splice(j, 1);
                //销毁飞机
```

```
                    app.stage.removeChild(enemy);
                    enemyList.splice(i, 1);
                    //累加得分
                    score += 200;
                    defen.text = "得分: " + score;
                    break;
                }
            }
        }
    }

    //飞机与道具碰撞
    function planeCrash() {
        var pos = (plane.x - item.x) * (plane.x - item.x) +
                                (plane.y - item.y) * (plane.y - item.y);
        if(pos < 50 * 50) {
            //加速发射子弹
            bulletSpeed += 4;
            bulletSubTime -= 15;
            if(bulletSubTime < 5) {
                bulletSubTime = 5;
            }
            item.y = - 500;
        }
    }

    //创建敌机
    var enemyList = [];
    var enemyTime = 0;
    function addEnemy() {
        if(enemyTime >= 30) {
            var enemy = new PIXI.Sprite.fromImage("res/plane/enemy_04.png");
            app.stage.addChild(enemy);
            enemy.anchor.x = 0.5;
            enemy.anchor.y = 0.5;
            enemy.x = Math.random() * 450 + 50;
            enemy.y = - 100;
            enemyList.push(enemy);
            enemyTime = 0;
        }
        enemyTime++;
    }

    //敌机动画
```

```
function moveEnemy() {
    for(var i=enemyList.length-1; i>=0; i--) {
        var enemy = enemyList[i];
        enemy.y += 3;
        if(enemy.y > 800) {
            //销毁飞机
            app.stage.removeChild(enemy);
            enemyList.splice(i , 1);
        }
    }
}

//发射子弹
var bulletSpeed = 10;//子弹移动速度
var bulletSubTime = 30;//发射子弹间隔
var bulletList = [];//子弹数组
var fireTime = 10;
function addBullet() {
    if(fireTime >= bulletSubTime) {
        var bullet = new PIXI.Sprite.fromImage("res/plane/bullet_02.png");
        app.stage.addChild(bullet);
        bullet.anchor.x = 0.5;
        bullet.anchor.y = 0.5;
        bullet.x = plane.x;
        bullet.y = plane.y - 100;
        bulletList.push(bullet);
        fireTime = 0;
    }
    fireTime++;
}

//子弹动画
function moveBullet() {
    for(var i=bulletList.length-1; i>=0; i--) {
        var bullet = bulletList[i];
        bullet.y -= bulletSpeed;
        if(bullet.y < -100) {
            //销毁子弹
            app.stage.removeChild(bullet);
            bulletList.splice(i, 1);
        }
    }
}
```

```
//背景动画
function moveBg() {
      bg.y += 1;
      if(bg.y > 0)  {
            bg.y = -768;
      }
}

//云彩动画
function moveYun() {
     yun.y += 1.5;
     if(yun.y > 800) {
          yun.y = - 400;
     }
}

//道具动画
function moveItem() {
     item.x += 0.5;
     item.y += 2;
     if(item.y > 800)  {
          item.y = - 200;
     }
     if(item.x > 560)  {
          item.x = -50;
     }
}
```

上述代码的运行效果，如图7-11所示。

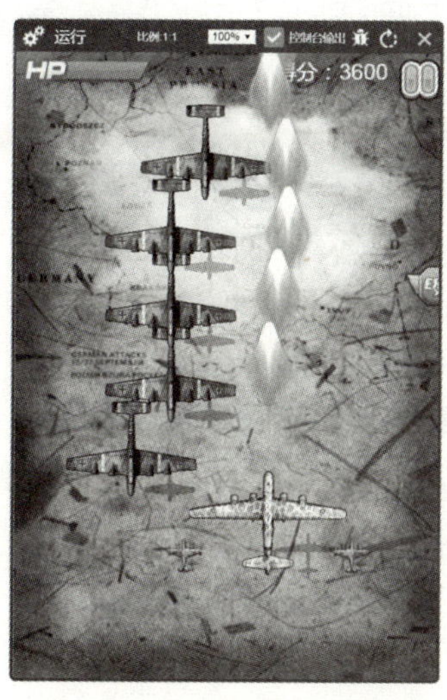

图7-11　子弹与敌机碰撞

测试评价

评价标准：

采分点	教师评分（0~3分）	自评（0~3分）	互评（0~3分）
1. 掌握碰撞原理，并能够实现显示元素间的碰撞功能 2. 掌握多元素碰撞原理，并能够实现多飞机多子弹碰撞功能 3. 能够通过变量控制帧频函数调用频率			

拓展练习

运用学习到的知识完成以下拓展任务。

拓展任务1：1秒发射两个子弹

运行效果，如图7-12所示。

图7-12　1秒发射两个子弹

要求：

1）创建一个名为app的应用，宽：1000像素，高：600像素。

2）添加背景、豌豆图片。

3）通过帧频函数，每秒创建两个子弹，并存入数组中。

4）控制数组中每个子弹向右移动，超出屏幕时将子弹删除。

拓展任务2：随机移动的小球

运行效果，如图7-13所示。

要求：

1）创建一个名为app的应用，宽：600像素，高：600像素。

2）添加两个小球图片。

3）两个小球的x坐标和y坐标在10～590之间随机。

4）通过帧频函数，每秒改变一次小球的位置。

拓展任务3：飘落的雪花

运行效果，如图7-14所示。

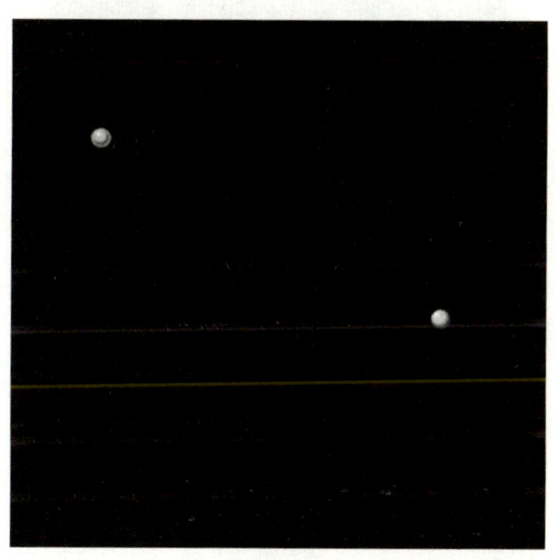

图7-13　随机移动的小球

图7-14　飘落的雪花

要求：

1）创建一个名为app的应用，宽：1000像素，高：600像素。

2）通过帧频函数，每6帧创建一个雪花并存入数组中。

3）控制数组中所有雪花向下移动，超出屏幕时，将雪花删除。

提示：雪花❄是一个特殊字符，利用PIXI. Text文本创建。

拓展任务4：屏幕保护系统

运行效果，如图7-15所示。

要求：

1）创建一个名为app的应用，宽：700像素，高：500像素。

2）添加背景、两个小球图片。

3）两个小球的初始坐标位置都是在窗口范围内随机的。

4）两个小球默认都是向右下方移动，而且x和y的速度都是1。

5）当两个小球碰到窗口边界时，开始向反方向移动。

6）当两个小球相撞时，出现反弹效果。

拓展任务5：打砖块——多小球

运行效果，如图7-16所示。

图7-15　屏幕保护系统

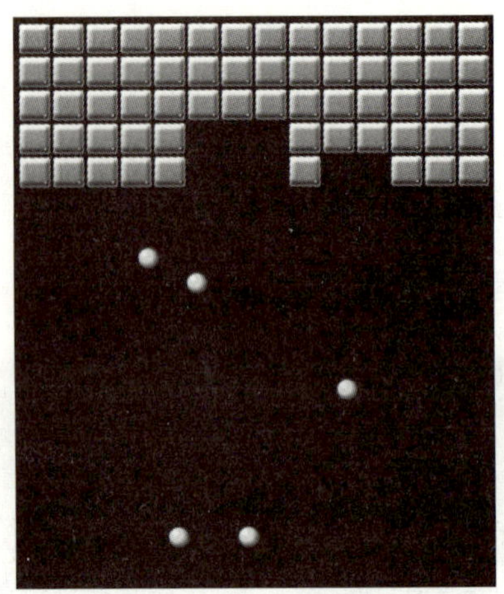
图7-16　打砖块——多小球

要求：

1）创建一个名为app的应用，宽：500像素，高：600像素。

2）在屏幕顶端，添加5行14列的砖块，并存入数组中。

3）添加5个小球图片，每个小球的x、y的移动速度在-5～5之间。

4）所有小球在窗口范围内移动，碰到屏幕边界反弹。

5）小球与砖块碰撞时，小球反弹，砖块删除。

模块 8 制作精灵动画

学习目标

通过对本模块的学习，需要达到以下目标：

1）能够通过图片纹理创建图片显示元素。

2）能够切换图片纹理，更改图片显示内容。

3）能够独立制作精灵动画。

学习情景

要完成精灵动画的制作，首先应该创建一个图片数组，用于存储精灵动画所需的所有图片，在本模块中，将要完成飞机以及敌机爆炸的精灵动画显示效果，如图8-1所示。

图8-1　游戏显示效果

模块分析

精灵动画也叫逐帧动画，其原理是快速切换图片纹理，从而形成一个连续的动画显示效果。例如，本模块实现了飞机以及敌机爆炸的精灵动画。

纹理的内容是一张图片，通过纹理不仅可以创建图片显示元素，也可以更改图片显示元素的显示内容。

实施步骤

步骤1：制作飞机逐帧动画

【知识链接】切换图片纹理

切换图片纹理就是更改图片显示内容。例如，通过单击背景图片，更改飞机图片显示内容。

示例：

```
var app = new PIXI.Application(400,400);
document.body.appendChild(app.view);

var bg = new PIXI.Sprite.fromImage("res/plane/bg/img_bg_level_2.jpg");
app.stage.addChild(bg);

var plane = new PIXI.Sprite.fromImage("res/plane_blue_01.png");
app.stage.addChild(plane);

var texture1 =
        new PIXI.Texture.fromImage("res/plane/main/img_plane_main_06.png");

bg.interactive = true;
bg.on("click", changeImage);
function changeImage() {
    plane.texture = texture1;
}
```

代码讲解：

① 创建纹理：

```
var texture1 =
    new PIXI.Texture.fromImage("res/plane/main/img_plane_main_06.png");
```

创建纹理，纹理的内容是"res/plane/main/img_plane_main_06.png"路径下的图片。

② 更改图片的纹理：

```
plane.texture = texture1;
```

将飞机图片plane的纹理更改为texture1所指定的纹理内容。

注：纹理虽然也是一张图片，但并不能直接添加到舞台显示。

【知识链接】通过图片纹理，创建图片显示元素

纹理的内容是一张图片，所以通过纹理也可以直接创建图片显示元素。例如，通过纹理创建了一架飞机。

示例：

```
var app = new PIXI.Application(500,500);
document.body.appendChild(app.view);
```

```
var texture1 = new PIXI.Texture.fromImage("res/plane_blue_01.png");

var plane = new PIXI.Sprite(texture1);
app.stage.addChild(plane);
```

代码讲解:

1 创建纹理:

```
var texture1 = new PIXI.Texture.fromImage("res/plane_blue_01.png");
```

创建纹理，纹理的内容是"res/plane_blue_01.png"路径下的图片。

2 创建图片显示元素:

```
var plane = new PIXI.Sprite(texture1);
```

通过纹理texture1创建飞机图片plane显示元素。

【知识链接】快速实现逐帧动画

逐帧动画也叫精灵动画，其原理是快速切换图片纹理，从而形成一个连续的动画显示效果。例如下面的示例实现一个飞机的逐帧动画。

示例:

```
var app = new PIXI.Application(400,400);
document.body.appendChild(app.view);

var imageList = [];
imageList.push("res/plane/plays/planplay_1.png");
imageList.push("res/plane/plays/planplay_2.png");
imageList.push("res/plane/plays/planplay_3.png");
imageList.push("res/plane/plays/planplay_4.png");

var plane = new PIXI.extras.AnimatedSprite.fromImages(imageList);
app.stage.addChild(plane);
plane.animationSpeed = 0.2;
plane.play();
```

代码讲解:

1 创建图片数组:

```
var imageList = [];
imageList.push("res/plane/plays/planplay_1.png");
imageList.push("res/plane/plays/planplay_2.png");
imageList.push("res/plane/plays/planplay_3.png");
imageList.push("res/plane/plays/planplay_4.png");
```

创建一个图片数组，用于充当逐帧动画的纹理。

2 创建逐帧动画:

```
var plane = new PIXI.extras.AnimatedSprite.fromImages(imageList);
```

创建逐帧动画plane，并将imageList数组中的图片作为动画切换的纹理。

③ 设置动画播放速度：

```
plane.animationSpeed = 0.2;
```

设置动画播放速度，也就是纹理的切换速度。

速度为0～1之间的小数，0最慢，1最快。

④ 播放动画：

```
plane.play();
```

逐帧动画默认是停止状态，需要调用play()函数进行播放。

例如，在本模块中，制作飞机逐帧动画，代码如下。

```
var app = new PIXI.Application(512, 768);
document.body.appendChild(app.view);

//游戏是否暂停
var isStop = true;

//背景
var bg = new PIXI.Sprite.fromImage("res/plane/bg/img_bg_level_3.jpg");
app.stage.addChild(bg);

//云彩
var yun = new PIXI.Sprite.fromImage("res/texiao/yun02.png");
app.stage.addChild(yun);
yun.x = 20;
yun.y = 130;

//飞机图片数组
var alienImages = [
    "res/plane/plays/planplay_1.png",
    "res/plane/plays/planplay_2.png",
    "res/plane/plays/planplay_3.png",
    "res/plane/plays/planplay_4.png",
    "res/plane/plays/planplay_5.png",
    "res/plane/plays/planplay_6.png",
    "res/plane/plays/planplay_7.png",
    "res/plane/plays/planplay_8.png",
    "res/plane/plays/planplay_9.png",
    "res/plane/plays/planplay_10.png",
    "res/plane/plays/planplay_11.png"
];

//长机
var plane = new PIXI.extras.AnimatedSprite.fromImages(alienImages);
app.stage.addChild(plane);
```

```
plane.x = 250;
plane.y = 550;
plane.anchor.x = 0.5;
plane.anchor.y = 0.5;
plane.animationSpeed = 0.2;//动画播放速度

//左僚机
var planeLeft = new PIXI.Sprite.fromImage("res/plane/liaoji_02_11.png");
plane.addChild(planeLeft);
planeLeft.anchor.x = 0.5;
planeLeft.anchor.y = 0.5;
planeLeft.x = -80;
planeLeft.y = 50;

//右僚机
var planeRight = new PIXI.Sprite.fromImage("res/plane/liaoji_02_11.png");
plane.addChild(planeRight);
planeRight.anchor.x = 0.5;
planeRight.anchor.y = 0.5;
planeRight.x = 80;
planeRight.y = 50;

//得分文本
var defen = new PIXI.Text("得分: 00000");
defen.style.fill = "0xffffff";
app.stage.addChild(defen);
defen.x = 310;
defen.y = 10;

//血槽
var hpBg = new PIXI.Sprite.fromImage("res/plane/ui/2_03.png");
app.stage.addChild(hpBg);
hpBg.y = 14;

//血条
var hpTiao = new PIXI.Sprite.fromImage("res/plane/ui/3_03.png");
app.stage.addChild(hpTiao);
hpTiao.x = 33;
hpTiao.y = 14;

//血条左侧HP图片
var hpPic = new PIXI.Sprite.fromImage("res/plane/ui/img_ui_16.png");
app.stage.addChild(hpPic);
hpPic.x = 10;
```

```
hpPic.y = 12;

//道具
var item = new PIXI.Sprite.fromImage("res/plane/item/img_plane_item_15.png");
app.stage.addChild(item);
item.x = 100;
item.y = 300;

//暂停
var pauseBtn =
new PIXI.Sprite.fromImage("res/plane/ui/ui_new_btn_png_03.png");
app.stage.addChild(pauseBtn);
pauseBtn.x = 460;
pauseBtn.y = 10;
pauseBtn.visible = false;

//继续游戏
var resumeBtn = new PIXI.Sprite.fromImage("res/plane/ui/start.png");
app.stage.addChild(resumeBtn);
resumeBtn.y = 30;

//“暂停”按钮鼠标单击事件
pauseBtn.interactive = true;
pauseBtn.on("click", pause);
function pause() {
    isStop = true;//单击暂停按钮，将isStop设置为true
    resumeBtn.visible = true;
    pauseBtn.visible = false;
    plane.stop();//停止飞机动画
}

//“继续”按钮鼠标单击事件
resumeBtn.interactive = true;
resumeBtn.on("click", resume);
function resume() {
    isStop = false;//单击“继续”按钮，将isStop设置为false
    resumeBtn.visible = false;
    pauseBtn.visible = true;
    plane.play();//播放飞机动画
}

//添加鼠标事件
bg.interactive = true;
bg.on("mousemove", movePlane);
```

```
function movePlane(event) {
    //如果游戏已经暂停，将不执行鼠标事件
    if(isStop) {
        return;
    }
    var pos = event.data.getLocalPosition(app.stage);
    plane.x = pos.x;
    plane.y = pos.y;
}

//帧频函数
app.ticker.add(animate);
function animate() {
    //如果游戏已经暂停，将不执行动画
    if(isStop) {
        return;
    }
    moveBg();
    moveYun();
    moveItem();
    addBullet();
    moveBullet();
    addEnemy();
    moveEnemy();
    planeCrash();
    bulletCrash();
}

//子弹与敌机碰撞
var score = 0;//当前得分
function bulletCrash() {
    for(var j=bulletList.length-1; j>=0; j--) {
        var bullet = bulletList[j];
        for(var i=enemyList.length-1; i>=0 ; i--) {
            var enemy = enemyList[i];
            var pos = (bullet.x - enemy.x) * (bullet.x - enemy.x) +
                    (bullet.y - enemy.y) * (bullet.y - enemy.y);
            if(pos < 60 * 60) {
                //销毁子弹
                app.stage.removeChild(bullet);
                bulletList.splice(j, 1);
                //销毁飞机
                app.stage.removeChild(enemy);
                enemyList.splice(i, 1);
```

```
                //累加得分
                score += 200;
                defen.text = "得分: " + score;
                break;
            }
        }
    }
}

//飞机与道具碰撞
function planeCrash() {
    var pos = (plane.x - item.x) * (plane.x - item.x) +
                                  (plane.y - item.y) * (plane.y - item.y);
    if(pos < 50 * 50) {
        //加速发射子弹
        bulletSpeed += 4;
        bulletSubTime -= 15;
        if(bulletSubTime < 5) {
            bulletSubTime = 5;
        }
        item.y = - 500;
    }
}

//创建敌机
var enemyList = [];
var enemyTime = 0;
function addEnemy() {
    if(enemyTime >= 30) {
        var enemy = new PIXI.Sprite.fromImage("res/plane/enemy_04.png");
        app.stage.addChild(enemy);
        enemy.anchor.x = 0.5;
        enemy.anchor.y = 0.5;
        enemy.x = Math.random() * 450 + 50;
        enemy.y = - 100;
        enemyList.push(enemy);
        enemyTime = 0;
    }
    enemyTime++;
}

//敌机动画
function moveEnemy() {
```

```
        for(var i=enemyList.length-1; i>=0; i--) {
            var enemy = enemyList[i];
            enemy.y += 3;
            if(enemy.y > 800) {
                //销毁飞机
                app.stage.removeChild(enemy);
                enemyList.splice(i , 1);
            }
        }
    }

    //发射子弹
    var bulletSpeed = 10;//子弹移动速度
    var bulletSubTime = 30;//发射子弹间隔
    var bulletList = [];//子弹数组
    var fireTime = 10;
    function addBullet() {
        if(fireTime >= bulletSubTime) {
            var bullet = new PIXI.Sprite.fromImage("res/plane/bullet_02.png");
            app.stage.addChild(bullet);
            bullet.anchor.x = 0.5;
            bullet.anchor.y = 0.5;
            bullet.x = plane.x;
            bullet.y = plane.y - 100;
            bulletList.push(bullet);
            fireTime = 0;
        }
        fireTime++;
    }

    //子弹动画
    function moveBullet() {
        for(var i=bulletList.length-1; i>=0; i--) {
            var bullet = bulletList[i];
            bullet.y -= bulletSpeed;
            if(bullet.y < -100) {
                //销毁子弹
                app.stage.removeChild(bullet);
                bulletList.splice(i, 1);
            }
        }
    }
```

```
//背景动画
function moveBg() {
    bg.y += 1;
    if(bg.y > 0) {
        bg.y = -768;
    }
}

//云彩动画
function moveYun() {
    yun.y += 1.5;
    if(yun.y > 800) {
        yun.y = - 400;
    }
}

//道具动画
function moveItem() {
    item.x += 0.5;
    item.y += 2;
    if(item.y > 800) {
        item.y = - 200;
    }
    if(item.x > 560) {
        item.x = -50;
    }
}
```

上述代码的运行效果，如图8-2所示。

图8-2　飞机逐帧动画

步骤2：制作敌机爆炸动画

【知识链接】逐帧动画更多控制

逐帧动画AnimatedSprite也是一个对象，通过调用属性和方法可以实现逐帧动画的更多控制。AnimatedSprite对象的常用属性和方法，见表8-1。

表8-1 AnimatedSprite对象的常用属性和方法

	名称	作用
属性	animationSpeed	动画播放速度
	currentFrame	动画当前播放到第几帧
	loop	动画是否循环播放
	playing	动画是否正在播放
	textures	动画对应的纹理数组
	totalFrames	动画的总帧数
	onComplete	指定动画播放完毕时执行的函数
	onLoop	指定动画每次循环播放开始时执行的函数
方法	play()	播放动画
	stop()	停止动画
	gotoAndPlay(frameNumber)	从指定帧开始播放动画
	gotoAndStop(frameNumber)	动画跳转到指定帧，并停止播放

注：AnimatedSprite对象除了表8-1中列举的属性和方法外还有很多，在此就不再一一列举了。

示例：

```
var app = new PIXI.Application(500,500);
document.body.appendChild(app.view);

var imageList = [];
for(var i=1;i<=9;i++){
    imageList.push("res/plane/plays/planplay_"+i+".png");
}

var plane = new PIXI.extras.AnimatedSprite.fromImages(imageList);
plane.anchor.set(0.5,0.5);
plane.x = 250;
plane.y = 250;
app.stage.addChild(plane);

plane.loop = true;
plane.animationSpeed = 0.2;

var btnPlay = new PIXI.Text("播放",{fill:0xffffff});
btnPlay.x = 10;
btnPlay.y = 50;
btnPlay.buttonMode = true;
app.stage.addChild(btnPlay);
```

```
btnPlay.interactive = true;
btnPlay.on("click", function() {
    plane.play();
});

var btnStop = new PIXI.Text("停止", {fill:0xffffff});
btnStop.x = 10;
btnStop.y = 100;
btnStop.buttonMode = true;
app.stage.addChild(btnStop);

btnStop.interactive = true;
btnStop.on("click", function() {
    plane.stop();
});

var txt = new PIXI.Text(" ", {fill:0xff0000});
txt.anchor.set(0.5, 0.5);
txt.x = 250;
txt.y = 30;
app.stage.addChild(txt);

app.ticker.add(function() {
    if(plane.playing) {
        txt.text = "动画正在播放，帧数: "+plane.currentFrame;
    }
    else{
        txt.text = "动画已停止";
    }
});
```

代码讲解:

① 创建图片数组:

```
var imageList = [];
for(var i=1;i<=9;i++) {
    imageList.push("res/plane/plays/planplay_"+i+".png");
}
```

创建一个图片数组，用于充当逐帧动画的纹理。

② 创建逐帧动画:

```
var plane = new PIXI.extras.AnimatedSprite.fromImages(imageList);
```

创建逐帧动画plane，并将imageList数组中的图片作为动画切换的纹理。

3 设置动画循环播放：

```
plane.loop = true;
```

4 设置动画播放速度：

```
plane.animationSpeed = 0.2;
```

5 播放动画：

```
btnPlay.on("click", function() {
    plane.play();
});
```

单击“播放”按钮，开始播放动画。

6 停止播放动画：

```
btnStop.on("click", function() {
    plane.stop();
});
```

单击“停止”按钮，停止播放动画。

7 获得动画状态：

```
app.ticker.add(function() {
    if(plane.playing) {
        txt.text = "动画正在播放，帧数："+plane.currentFrame;
    }
    else{
        txt.text = "动画已停止";
    }
});
```

通过帧频函数实时获得动画状态。

plane.playing：动画是否正在播放。

plane.currentFrame：动画当前播放到第几帧。

例如，在本模块中制作敌机爆炸的逐帧动画，代码如下。

```
var app = new PIXI.Application(512, 768);
document.body.appendChild(app.view);

//游戏是否暂停
var isStop = true;

//背景
var bg = new PIXI.Sprite.fromImage("res/plane/bg/img_bg_level_3.jpg");
app.stage.addChild(bg);

//云彩
var yun = new PIXI.Sprite.fromImage("res/texiao/yun02.png");
app.stage.addChild(yun);
yun.x = 20;
```

```
yun.y = 130;

//飞机图片数组
var alienImages = [
    "res/plane/plays/planplay_1.png",
    "res/plane/plays/planplay_2.png",
    "res/plane/plays/planplay_3.png",
    "res/plane/plays/planplay_4.png",
    "res/plane/plays/planplay_5.png",
    "res/plane/plays/planplay_6.png",
    "res/plane/plays/planplay_7.png",
    "res/plane/plays/planplay_8.png",
    "res/plane/plays/planplay_9.png",
    "res/plane/plays/planplay_10.png",
    "res/plane/plays/planplay_11.png"
];

//长机
var plane = new PIXI.extras.AnimatedSprite.fromImages(alienImages);
app.stage.addChild(plane);
plane.x = 250;
plane.y = 550;
plane.anchor.x = 0.5;
plane.anchor.y = 0.5;
plane.animationSpeed = 0.2;//动画播放速度

//左僚机
var planeLeft = new PIXI.Sprite.fromImage("res/plane/liaoji_02_11.png");
plane.addChild(planeLeft);
planeLeft.anchor.x = 0.5;
planeLeft.anchor.y = 0.5;
planeLeft.x = -80;
planeLeft.y = 50;

//右僚机
var planeRight = new PIXI.Sprite.fromImage("res/plane/liaoji_02_11.png");
plane.addChild(planeRight);
planeRight.anchor.x = 0.5;
planeRight.anchor.y = 0.5;
planeRight.x = 80;
planeRight.y = 50;

//得分文本
```

```
var defen = new PIXI.Text("得分: 00000");
defen.style.fill = "0xffffff";
app.stage.addChild(defen);
defen.x = 310;
defen.y = 10;

//血槽
var hpBg = new PIXI.Sprite.fromImage("res/plane/ui/2_03.png");
app.stage.addChild(hpBg);
hpBg.y = 14;

//血条
var hpTiao = new PIXI.Sprite.fromImage("res/plane/ui/3_03.png");
app.stage.addChild(hpTiao);
hpTiao.x = 33;
hpTiao.y = 14;

//血条左侧HP图片
var hpPic = new PIXI.Sprite.fromImage("res/plane/ui/img_ui_16.png");
app.stage.addChild(hpPic);
hpPic.x = 10;
hpPic.y = 12;

//道具
var item = new PIXI.Sprite.fromImage("res/plane/item/img_plane_item_15.png");
app.stage.addChild(item);
item.x = 100;
item.y = 300;

//暂停
var pauseBtn =
new PIXI.Sprite.fromImage("res/plane/ui/ui_new_btn_png_03.png");
app.stage.addChild(pauseBtn);
pauseBtn.x = 460;
pauseBtn.y = 10;
pauseBtn.visible = false;

//继续游戏
var resumeBtn = new PIXI.Sprite.fromImage("res/plane/ui/start.png");
app.stage.addChild(resumeBtn);
resumeBtn.y = 30;

//"暂停"按钮鼠标单击事件
pauseBtn.interactive = true;
```

```
pauseBtn.on("click", pause);
function pause() {
    isStop = true;//单击“暂停”按钮，将isStop设置为true
    resumeBtn.visible = true;
    pauseBtn.visible = false;
    plane.stop();//停止飞机动画
}

//“继续”按钮鼠标单击事件
resumeBtn.interactive = true;
resumeBtn.on("click", resume);
function resume() {
    isStop = false;//单击“继续”按钮，将isStop设置为false
    resumeBtn.visible = false;
    pauseBtn.visible = true;
    plane.play();//播放飞机动画
}

//添加鼠标事件
bg.interactive = true;
bg.on("mousemove", movePlane);
function movePlane(event) {
    //如果游戏已经暂停，将不执行鼠标事件
    if(isStop) {
        return;
    }
    var pos = event.data.getLocalPosition(app.stage);
    plane.x = pos.x;
    plane.y = pos.y;
}

//帧频函数
app.ticker.add(animate);
function animate() {
    //如果游戏已经暂停，将不执行动画
    if(isStop) {
        return;
    }
    moveBg();
    moveYun();
    moveItem();
    addBullet();
    moveBullet();
    addEnemy();
```

```
        moveEnemy();
        planeCrash();
        bulletCrash();
        removeBomb();
    }

    //删除爆炸动画
    function removeBomb() {
        for(var i=bombList.length-1;i>=0;i--) {
            if(bombList[i].playing == false) {
                app.stage.removeChild(bombList[i]);
                bombList.splice(i, 1);
            }
        }
    }

    //爆炸图片数组
    var bombImageList = [
        "res/texiao/bao01.png",
        "res/texiao/bao02.png",
        "res/texiao/bao03.png",
        "res/texiao/bao04.png",
        "res/texiao/bao05.png",
        "res/texiao/bao06.png",
        "res/texiao/bao07.png"
    ];

    //存储所有爆炸动画的数组
    var bombList = [];

    //子弹与敌机碰撞
    var score = 0;//当前得分
    function bulletCrash() {
        for(var j=bulletList.length-1; j>=0; j--) {
            var bullet = bulletList[j];
            for(var i=enemyList.length-1; i>=0 ; i--) {
                var enemy = enemyList[i];
                var pos = (bullet.x - enemy.x) * (bullet.x - enemy.x) +
                          (bullet.y - enemy.y) * (bullet.y - enemy.y);
                if(pos < 60 * 60) {
                    //敌机爆炸动画
                    var bomb =
                        new PIXI.extras.AnimatedSprite.fromImages(bombImageList);
```

```
                bomb.anchor.set(0.5, 0.5);
                bomb.animationSpeed = 0.25;
                bomb.x = enemy.x;
                bomb.y = enemy.y;
                bomb.loop = false;
                bomb.play();
                app.stage.addChild(bomb);
                bombList.push(bomb);
                //销毁子弹
                app.stage.removeChild(bullet);
                bulletList.splice(j, 1);
                //销毁飞机
                app.stage.removeChild(enemy);
                enemyList.splice(i, 1);
                //累加得分
                score += 200;
                defen.text = "得分: " + score;
                break;
            }
        }
    }
}

//飞机与道具碰撞
function planeCrash() {
    var pos = (plane.x - item.x) * (plane.x - item.x) +
              (plane.y - item.y) * (plane.y - item.y);
    if(pos < 50 * 50) {
        //加速发射子弹
        bulletSpeed += 4;
        bulletSubTime -= 15;
        if(bulletSubTime < 5) {
            bulletSubTime = 5;
        }
        item.y = -500;
    }
}

//创建敌机
var enemyList = [];
var enemyTime = 0;
function addEnemy() {
    if(enemyTime >= 30) {
```

```
        var enemy = new PIXI.Sprite.fromImage("res/plane/enemy_04.png");
        app.stage.addChild(enemy);
        enemy.anchor.x = 0.5;
        enemy.anchor.y = 0.5;
        enemy.x = Math.random() * 450 + 50;
        enemy.y = - 100;
        enemyList.push(enemy);
        enemyTime = 0;
    }
    enemyTime++;
}

//敌机动画
function moveEnemy() {
    for(var i=enemyList.length-1; i>=0; i--) {
        var enemy = enemyList[i];
        enemy.y += 3;
        if(enemy.y > 800) {
            //销毁飞机
            app.stage.removeChild(enemy);
            enemyList.splice(i , 1);
        }
    }
}

//发射子弹
var bulletSpeed = 10;//子弹移动速度
var bulletSubTime = 30;//发射子弹间隔
var bulletList = [];//子弹数组
var fireTime = 10;
function addBullet() {
    if(fireTime >= bulletSubTime) {
        var bullet = new PIXI.Sprite.fromImage("res/plane/bullet_02.png");
        app.stage.addChild(bullet);
        bullet.anchor.x = 0.5;
        bullet.anchor.y = 0.5;
        bullet.x = plane.x;
        bullet.y = plane.y - 100;
        bulletList.push(bullet);
        fireTime = 0;
    }
    fireTime++;
}
```

```
//子弹动画
function moveBullet() {
    for(var i=bulletList.length-1; i>=0; i--) {
        var bullet = bulletList[i];
        bullet.y -= bulletSpeed;
        if(bullet.y < -100) {
            //销毁子弹
            app.stage.removeChild(bullet);
            bulletList.splice(i, 1);
        }
    }
}

//背景动画
function moveBg() {
    bg.y += 1;
    if(bg.y > 0) {
        bg.y = -768;
    }
}

//云彩动画
function moveYun() {
    yun.y += 1.5;
    if(yun.y > 800) {
        yun.y = - 400;
    }
}

//道具动画
function moveItem() {
    item.x += 0.5;
    item.y += 2;
    if(item.y > 800) {
        item.y = - 200;
    }
    if(item.x > 560) {
        item.x = -50;
    }
}
```

上述代码的运行效果，如图8-3所示。

图8-3　敌机爆炸逐帧动画

测试评价

评价标准:

采分点	教师评分（0～3分）	自评（0～3分）	互评（0～3分）
1. 掌握图片纹理的使用，并能够通过纹理创建图片、切换图片纹理 2. 掌握逐帧动画的原理，并能够独立制作逐帧动画 3. 掌握逐帧动画更多控制的使用方式			

拓展练习

运用学习到的知识完成以下拓展任务。

拓展任务1：选择战机

运行效果，如图8-4所示。

要求：

1）创建一个名为app的应用，宽：600像素，高：500像素。

2）添加背景、四个飞机图片以及“选择战机”的文字信息。

3）当鼠标移动到下边三架中的任意一架飞机上时，鼠标指针变成小手样式。

4）背景图片由上向下缓慢移动。

5）当单击下面三架飞机中的任意一架时，上面的飞机变成单击的飞机纹理，同时，被单击的飞机出现闪动效果。

提示：帧频函数，配合着图片的visible属性可以实现闪动效果。

拓展任务2：跑酷游戏——角色跳起

运行效果，如图8-5所示。

要求：

1）创建一个名为app的应用，宽：800像素，高：500像素。

2）添加背景、人物角色、路面、跳起按扭图片。

3）当鼠标移动到“跳起”按钮时，鼠标指针变成小手样式。

4）当单击“跳起”按钮时，人物角色实现起跳的效果，人物角色在起跳和落回地面时，需要更改图片纹理。

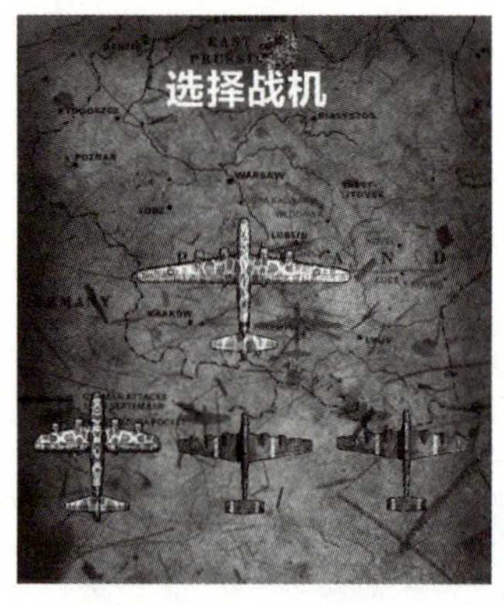

图8-4 选择战机

图8-5 跑酷游戏——角色跳起

拓展任务3：找头像——反转头像

运行效果，如图8-6所示。

要求：

1）创建一个名为app的应用，宽：500像素，高：800像素。

2）制作找头像游戏界面，添加背景、头像。

3）单击头像进行反转并随机切换头像。

4）头像文件名为：

res/lianxi/findFace/1.png

res/lianxi/findFace/2.png

……

res/lianxi/findFace/20.png

拓展任务4：植物大战僵尸——僵尸移动

运行效果，如图8-7所示。

要求：

1）创建一个名为app的应用，宽：1000像素，高：600像素。

2）制作游戏界面，添加背景图片、僵尸图片。
3）通过帧频函数切换僵尸图片纹理，实现僵尸走动的效果。
4）在背景图片上按住鼠标左键，僵尸向左移动，松开鼠标左键，僵尸向右移动。
5）僵尸图片文件名为：
res/lianxi/zhi/ConeheadZombie1.png
res/lianxi/zhi/ConeheadZombie2.png
……
res/lianxi/zhi/ConeheadZombie21.png

图8-6 找头像——反转头像

图8-7 植物大战僵尸——僵尸移动

拓展任务5：跑酷游戏

运行效果，如图8-8所示。

要求：

1）创建一个名为app的应用，宽：510像素，高：260像素。
2）添加背景、路面、人物图片。
3）通过帧频函数控制背景图片、路面图片向左移动。
4）利用AnimatedSprite实现人物跑动的效果。

拓展任务6：飞机爆炸

运行效果，如图8-9所示。

要求：

1）创建一个名为app的应用，宽：400像素，高：400像素。
2）添加背景、飞机、爆炸图片。
3）添加子弹图片并控制子弹图片从下向上移动。
4）当子弹与飞机碰撞时，子弹重新回到窗口底端向上移动，同时飞机显示爆炸效果。

图8-8　跑酷游戏

图8-9　飞机爆炸

发布运行游戏

学习目标

通过对本模块的学习，需要达到以下目标：

1）能够独立安装Web服务器并发布游戏程序。

2）能够通过浏览器访问Web服务器中布署的游戏程序。

学习情景

要发布运行游戏，首先应该下载安装Web服务器软件，并将编写好的游戏程序放置到Web服务器的指定目录中。具体运行效果，如图9-1所示。

图9-1　游戏运行效果

模块分析

Web服务器也称为WWW服务器，主要是提供网上信息浏览服务。目前最主流的三个Web服务器是Apache、Nginx、IIS。

发布游戏或布署游戏是指将编写好的游戏程序放置到Web服务器的指定目录中。在Web服务器正常运行的情况下，互联网中的所有用户都可以在浏览器地址栏中输入指定IP地址访问到该游戏程序。

实施步骤

步骤1：安装Web服务器

编写完整的游戏程序需要制作HTML基础页面、引入PIXI游戏引擎文件、编写游戏代码等环节。其中HTML基础页面通过浏览器就可以直接运行，但PIXI游戏引擎文件必须要布署到Web服务器中才可以正常运行。

Web服务器软件用于提供网络访问服务。在Web服务器软件中布署的项目，打开浏览器通过IP地址就可以访问到。常见的Web服务器软件包括Apache、Nginx、IIS等。

Apache 2.2是一个开源的服务器软件，通过互联网下载后直接安装就可以使用。

步骤2：布署游戏程序

Apache 2.2服务器软件的布署目录对应的是Apache 2.2安装目录下的htdocs文件夹。例如，在计算机中，Apache 2.2安装到了F盘的根目录，对应的布署目录，如图9-2所示。

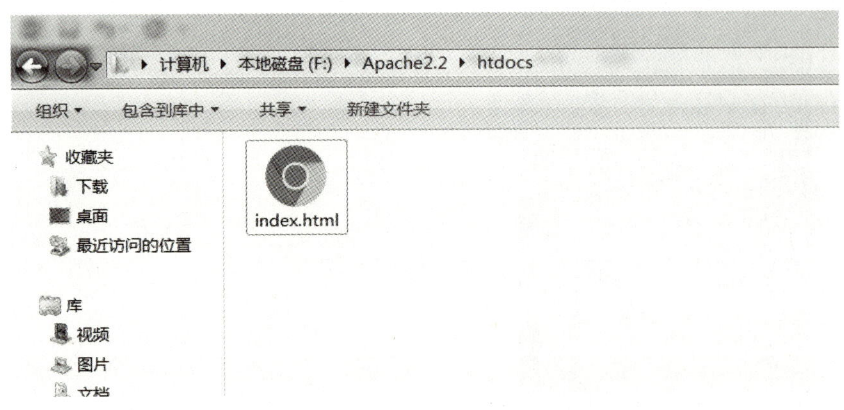

图9-2 Apache 2.2布署目录

在编写游戏程序时，用到的HTML文件、图片文件、PIXI游戏引擎库文件都要放到Apache 2.2的布署目录下，才能通过浏览器正常访问。

将完整的游戏程序复制到Apache 2.2的布署目录中，如图9-3所示。

在图9-3中，js文件夹里存放的是PIXI游戏引擎文件，img文件夹里存放的是游戏案例中用到的所有图片，而index.html就是编写的游戏程序。

图9-3　游戏程序目录

步骤3：运行游戏程序

打开浏览器输入地址http://127.0.0.1/index.html，访问Web服务器中布署的游戏程序，如图9-4所示。

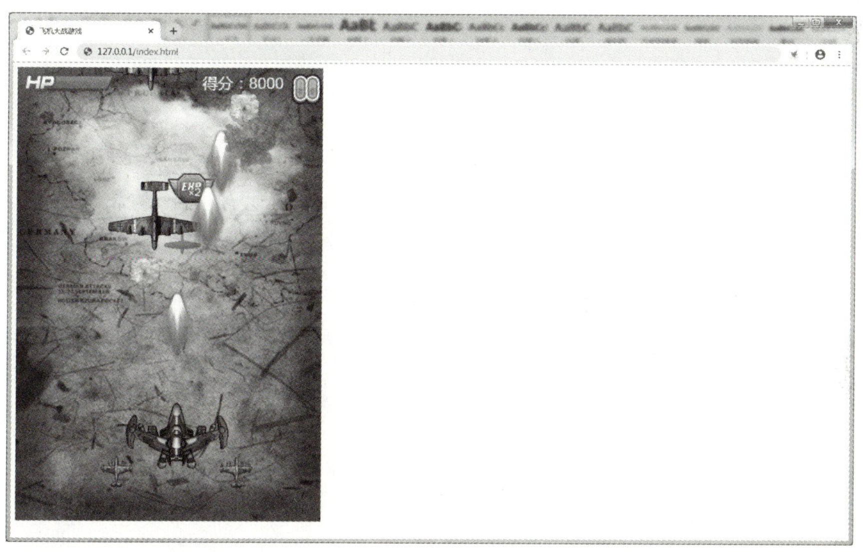

图9-4　游戏运行效果

测试评价

评价标准：

采分点	教师评分（0～2分）	自评（0～2分）	互评（0～2分）
1. 能够独立安装Web服务器并发布游戏程序 2. 能够通过浏览器访问Web服务器中布署的游戏程序			

参 考 文 献

[1] Douglas Crockford. JavaScript语言精粹[M]. 赵泽欣，等译. 北京：电子工业出版社，2012.

[2] Christio Heilmann. 深入浅出JavaScript[M]. 牛海彬，等译. 北京：人民邮电出版社，2008.

[3] Jeremy Keith, Jeffrey Sambells. JavaScript DOM编程艺术[M]. 杨涛，等译. 2版. 北京：人民邮电出版社，2011.